장에 가자

시골장터에서 문화유산으로

장에가자

정영신

아숲

1992 순창장

움직이는 박물관, 시골장터

내가 어릴 적에 장(場)이 열리는 날이면 온 마을 사람들은 잔칫날처럼 들썩거렸다. 안동 아재의 소달구지가 동구 밖에 이르면 깨순이 엄마 보따리가 제일 먼저 실렸다. 뒤이어 마을 사람들 보따리가 하나둘 올라가면 사방이 초록으로 덮인 신작로 길을 빠져나갈 때까지 뒤따라가다가 돌아왔다. 봄이면 들판에 앉아 있던 자연도 덩달아 장에 나와 그 지역만의 삶 이야기를 초록빛으로 품어냈다. 후미진 장 골목에서는 갈퀴와 도리깨, 체와 쟁기를 만들었고, 정월 보름을 앞두고 농악놀이에 쓸 짚신을 산더미처럼 쌓아놓고 팔았다.

대장간 앞에는 날이 무뎌진 호미와 낫을 벼르려고 노부부가 앉아 있었고, 텃밭에서 뜯어온 채소와 농로에서 잡은 미꾸라지를 가지고 나온 박씨 아짐은 생산자이면서 판매자였다. 또한 장터 끝 골목에는 엄마 따라온 삼식이가 새끼 돼지가 도망갈까 봐 새끼줄을 붙들고 동그마니 앉아 있었고, 털북숭이 복숭아를 머리에 이고 온 순덕이, 소금물에 우린 감을 베어 먹던 주근깨투성이 깨순이도 있었다.

이렇게 장은 자연과 흙과 나무에서 흘러나온 푸르디푸른 이야기가 살아 있어 움직이는 박물관이 되었다. 지금 장은 예전과 많이 다르다. 그러나 땅과 더불어 살아가는 농민들이 지역 농산물로 만들어가는 농민 장터가 살아나야 한다. 장은 단순히 뭔가를 사고파는 장소를 뛰어넘어 인간의 삶과 정이 생생히 살아 있는 공간으로 새롭게 해석되어야 한다. 장을 통해 소통하는 백성의 삶은 수천 년 전부터 이어져왔으나 시대가 변하면서 오일장은 점점 쇠락의 길을 걷고 있다.

34년째 장터를 돌아다니면서 장터를 장터답게 만들 계기는 무엇일까 숱하게 고민했다. 사진 한 컷 촬영하지 못하고 파장 무렵까지 장꾼들과 장에 나온 농민들과 이야기만 하다 돌아오기도 했다. 장터에서 만난 사람들도 자신이 사는 곳에 어떤 보물이 숨어 있는지 책이나 텔레비전에 소개된 것 말고는 이야기를 들려주지 못했다.

5년 전, 『농민신문』과 두 곳 은행 사보에 전국 장터를 2년간 소개한 적이 있다. 우리나라에서 열리는 오일장은 모두 기록으로 남겼지만 새로운 장터 소식을 전하고 싶어 매번 다시 한 번 다녀온 뒤에 원고를 썼다. 그 당시에는 장의 변화만을 사진으로 기록했을 뿐 장터 주변에 숨어 있는 문화 유적지들을 찾아가지는 못했다. 장터 촬영을 마치고 집으로 돌아올 때면 뭔가 두고 온 것이 있는 것 같아 다시 같은 장터를 찾곤 했다.

이 책, 『장에 가자, 시골장터에서 문화유산으로』는 내가 이전 책들에서 다룬 적이 없었던 장터와 지역 문화재를 찾아다니며 작업한 결과물이다. 그러나 여기 소개한 장 말고도 지금 작업 중인 장이 열 곳이 넘는다. 30여 년 전

흑백필름으로 작업했던 예전 장터 모습과 요즘 모습을 비교해보는 재미도 쏠쏠했다. 30년 세월이 많은 것을 바꿔놓았으나 장에 오는 사람들이나 장에서 파는 물건들은 크게 달라진 것 같지 않다. 더 크게 말하자면 장에 오는 사람들 마음은 예나 지금이나 그대로다.

　불과 55년 전인 1965년에는 버스비가 1원이었고, 쌀 한 말 값이 360원이었다. 우리 사회가 근대화 이후 엄청나게 발전했음을 여기서도 알 수 있다. 나는 지금도 장터에 가면 고향 냄새와 맛, 소리와 감촉을 느끼고 싶어 구경하러 나온 사람처럼 장을 몇 바퀴나 돌며 헤집고 다닌다. 어떤 물건이 새로 나왔는지, 난전에서 무엇을 파는지 알고 싶다. 계절 따라 파는 물건이 다르기에 사계절 모두 장에 가봐야만 그 생리를 알 수 있다.

　겨울철 구례 산동장에 가면 산수유 열매로 장 안이 온통 새빨갛다. 이처럼 장터는 그 지역의 삶이 그대로 펼쳐진 한 폭의 풍속도다. 치열한 삶의 현장이면서도 인정 넘치는 백성의 문화 공간이다. 내게 남은 숙제는 지역마다 서로 다른 장의 특색을 잘 살려낼 고유한 문화를 찾아내는 일이다. 우리네 시골장은 선조들의 역사이고 우리의 현재이자 아이들의 미래다.

2020년 가을
정영신

목차

머리말   5

1장. 느림의 미학을 만나는 오일장

담양장, 대나무 소리 들린다   13
예천장, 조상의 숨결을 담다   23
영암장, 남도의 설악산으로 불리는 월출산   33

2장. 여인 삶의 향기가 밴 오일장

청양장, 콩밭 매는 아낙네가 부르는 칠갑산   45
순창장, 고추장으로 버무린 살풀이   57
남원장, 춘향이의 고장   65

3장. 자연 특산물과 만나는 오일장

강경장, 백제의 옛 터전 황산벌   79
광천 토굴 새우젓 시장, 은근하게 발효된 자연의 맛   89
남해 이동장, 가천 다랭이 마을   97
금산장, 인삼의 고장   107

4장. 개화기 인물을 만나는 오일장

정읍 샘고을 시장, 동학농민운동의 발생지 말목장터   121
영덕장, 블루로드 영덕대게의 고장   131
구례장, 지리산과 섬진강이 빚은 땅   139

5장. 옛 성현과 함께하는 오일장

광양장, 가장 먼저 봄을 알리는 매실의 고장　　149
영주장, 소백산 자락에 깃든 선비의 고장　　159
송정리 오일장, 정(情) 한 보따리가 이야기꽃으로　　167

6장. 역사 이야기와 함께하는 오일장

울산 언양장, 우리나라 근대화의 진열장　　179
부안장, 산과 바다와 땅의 특별한 조화　　189
무주 반딧불 시장, 나제통문　　197

7장. 문화의 숨결이 오일장 속으로

옥천장, 정지용 시인을 만나다　　209
고창장, 세계 최대 고인돌 유적지　　219
보성장, 판소리 가락 초록 융단 휘감는가　　227
완주 고산장, 산중에 핀 한 송이 꽃, 선암사　　237

1장
느림의 미학을
만나는 오일장

2018 담양장

담양장,
대나무 소리 들린다

　　푸른빛 감도는 새벽, 손수 만든 죽물(竹物)을 머리에 이고 등에 진 사람들이 개미 행렬처럼 긴 신작로 길을 걸어 장터로 몰려오던 시절이 있었다. 마을이 있으면 대나무가 있고, 대나무가 있는 곳엔 마을이 있다는 담양의 죽제품에는 조선 시대에 시작한 5백 년 역사가 있다. 담양 사람들이 농사 지으면서 짬짬이 만든 죽물은 담양 전체 생산액의 절반을 넘었다.

　　조선 시대에 하루에 3만 장 넘는 삿갓이 팔렸다 하고, 지금도 가내수공업으로 의자와 침대까지 100가지가 넘는 죽제품을 만들고 있으니 그 위세가 놀랍다. 이른 새벽 담양 사람들이 죽제품을 가지고 나오면 호랑이도 소스라쳐 달아났다는 말이 나올 정도로 담양의 죽물 시장은 대단했다. 심지어 다른 지방에서 만들고 담양장으로 모여들어 산더미처럼 쌓여 있던 죽제품은 우리나라 곳곳에 팔려 나갔다.

　　자연과 인간이 하나가 돼 살아가던 시절 우리 조상은 그 꼿꼿한 기개가 본받을 만했던 대나무를 훌륭한 벗으로 찬양했다. 장이 서지 않는 날에는 집에서 온갖 죽제품을 만들어 장날 새벽부터 장에 나와 팔았다. 담양은 예부터 대나무를 이용해 생활에 필요한 도구를 만드는 기술이 발달해 도시락과 머리핀, 부챗살, 발, 죽부인, 연꽃 바구니를 만들었고, 초가집 단칸방에서 3년간 댓조각을 만지작거리며 만든 참빗, 특히 대나무 숲 그늘이 생각나게 하는 찻

1986

상은 공예 작품보다 더 아름답다.

평생 죽제품을 만들며 살아온 대덕면 박씨(83세) 할배는 대나무를 손에서 놓아본 적이 없다고 한다. 대 끝에서 삼 년을 산다는 속담을 믿고 살아온 박씨는 대나무가 바람에 흔들리기라도 하면 옛 친구를 만난 듯 세상 시름을 다 잊어버린다며 입 끝으로 대나무를 여몄다. 박씨는 물건이 팔리지 않아도 장날이면 습관처럼 장에 나와 남이 만든 죽제품을 구경하고, 혹여 아는 얼굴이라도 만날까 싶어 빠지지 않는다고 한다.

장에서 죽순을 팔던 강쟁리 김향순(83세) 할매는 담양의 자랑거리가 소쇄원(瀟灑園)이라며 외지인을 보면 추천한다고 했다. 조선 중종 치세에 양산보(梁山甫)가 세운 소쇄원은 작은 초가 정자에서 시작해 원림을 갖춘 건축물

로 완성되기까지 20년이 걸렸다. 관직에 나아가지 않고, 평생 초야에 묻혀 살면서 조경에 힘쓴 것은 다시는 바깥세상에 나가지 않겠다는 양산보의 의지였다고 한다. 소쇄원은 가장 아름다운 경치를 여기저기서 떼어다 한데 모아놓은 듯해서 이곳 사람들은 전라도에서 가장 아름다운 곳에서 산다는 자부심이 있다.

담양 지곡리 일대에는 소쇄원을 비롯해서 정철(鄭澈)이 「성산별곡(星山別曲)」을 지었던 식영정, 환벽당, 취가정이 남아 있어 옛 정취를 그대로 느낄 수 있다. 소쇄원을 둘러싼 담장은 옛 선비들의 시가 꼭꼭 숨어들어, 햇볕 드는 날이나 비 오는 날 혹은 눈 오는 날이면 시 한 수씩 뛰어나와 길 가는 나그네를 불러 세울 듯 나지막하게 수직으로 서 있다.

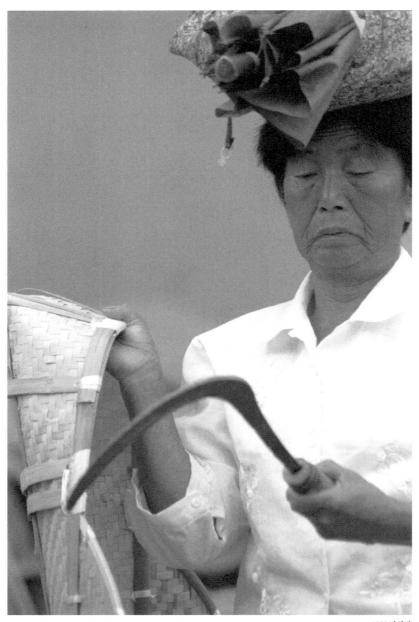

1988 담양장

2018 담양장

또한 담양에는 자연과 함께 하는 느림의 삶이 펼쳐지는 창평 삼지천 마을이 있다. 장에서 쑥을 파는 월산면 신계리 황씨(75세)는 봄이면 일부러 삼지천 마을까지 쑥을 캐러 다닌다. 창평면 삼지천 마을은 슬로시티로 인정받아 사람 중심 도시를 만들어가고 있다. 느림을 미학으로 하는 슬로시티는 전통 수공업과 조리법이 보존돼야 하고, 고유 문화유산을 지키고, 자연 친화적 농업을 해야 인정받는다.

삼지천 마을을 걷노라면 긴 돌담과 만난다. 담이 끝없이 이어지고, 길손은 돌과 흙을 번갈아 쌓은 담을 보며 추억을 꺼내게 된다. 300여 년 전 원형 그대로 유지해 마을 전체 담장이 문화재로 등록됐다. 또한 창평에는 문을 잠그고 몰래 빚어야 한다는 '창평 엿'도 유명하다. 순전히 쌀로 만든 창평 엿을 빚을 때는 목욕재계하고, 새 옷으로 갈아입고, 애간장 녹일 만큼 정성을 들여야 제맛이 나온다.

오일장은 이렇게 지역 경제의 모세혈관 역할을 톡톡히 해낸다. 이웃 마을에서 일어나는 수많은 애깃거리가 장바닥에 쏟아지고, 국밥집에서는 막걸릿잔 위로 농사 이야기를 부려놓는다. 하지만 세월의 흐름과 무관할 것 같은 시골장터에서도 전과 달리 시끌벅적한 모습은 보이지 않는다. 고래고래 소리 지르던 장꾼도, 아이들 시선을 붙들던 기괴한 약장수도 없다. 내가 어렸을 때 본 장날 풍경은 온 동네가 잔칫집처럼 요란스러웠다. 삼식이 아버지 소달구지가 동구 밖에 이르면, 동네 여인네들은 보따리를 이고 사방이 초록인 들판을 지나가다가 소달구지와 앞서거니 뒤서거니 했고, 안개 같은 흙먼지가 신작로 길에 퍼져 소달구지와 동네 아짐 모습이 보이지 않으면 가슴이 콩알만 해져 까치발을 들고, 고개를 삐죽 뽑아 올리곤 했다.

요즘 우리는 시공간을 초월한 글로벌 쇼핑몰이 상품을 방까지 배달해주는 시대에 살고 있다. 하지만 사람과 사람 사이 정을 느낄 수 없다. 장은 그 지역 생활문화가 꽃피고 선조들의 질박한 삶의 흔적이 남아 있는 공간이다. 그러나 이 소중한 문화유산은 점점 사라져가고, 지역의 특색도 찾아보기 어렵다. 시간을 뒤로 돌리는 마술이라도 부려, 두고 온 고향으로 향하듯 오일장을 찾는 이들이 많아졌으면 좋겠다.

담양에서 열리는 장에는 죽세공 제품이 전국에서 최고인 담양장(2, 7일) 외에 특산물인 창평 엿, 파시(波柿), 백동시(柏桐柿) 등 감이 유명하고, 최근에는 한과, 죽염이 생산되는 창평장(5, 10일), 대치장(3, 8일)이 있다.

2018 담양 창평 삼지천 담장마을

2013 예천장

예천장,
조상의 숨결을 담다

"할매요! 학교 다닐 때 산수 선생이 더하기도 안 알켜주등교, 오백 원짜리가 세 개면 천오백 원이지, 어째 천 원인교. 마, 그냥 갖고 가이소." 고추 모종 세 개와 천 원짜리 지폐 한 장을 손에 쥔 권씨(78세) 할매에게 뚱박이 날아간다. 온갖 모종을 파는 임하영(70세) 씨는 종류가 많아 이름과 가격표를 붙여놓았다며 초록 미소를 건넨다. 봄날에는 모종 파는 사람들로 온 장터가 푸르다 못해 흥정하는 소리마저 초록으로 물든다. 물맛이 좋아 예천(醴泉)이라고 부르는 이곳은 일하면서도 흥이 나고, 노동의 고단함을 잊게 하는 농요가 발달했고, 활의 고장으로 유명해 자연과 전통문화가 함께 숨쉰다.

"물맛이 얼마나 좋으면 예천이라 했겠노. 여기가 옛날에는 얼라 나이 열댓 살만 되믄 대부분 한가락 하는 한량이라 캤다. 없이 살아도 살맛 났다 카이. 사백 년 전부터 예천은 활이 유명해 아들 낳으면 새끼줄에 고추 대신 활을 걸던 시절도 있었던 기라."

사람처럼 세금도 내고 장학금까지 베푸는 소나무가 있는 동네에 산다는 정태준 할배가 예천 자랑을 늘어놓자 들고나온 지팡이까지 장단을 맞춘다. 장터에서 만난 정씨 할배는 장보기를 서둘러 마치고 석송령이 있는 작은 마을까지 동행해줬다. '삿갓 나무'라고도 불리는 석송령은 600년을 뿌리내리고 살아온 소나무다. 마을에 살던 한 노인이 이 나무에 자기 땅을 줘 재산

예천 석송령

도 있다고 한다.

정씨 할배가 말한다. "나무 재산으로 이 마을 학생들이 공부한다카이. 저 소나무 찬찬히 좀 보이소, 가지가 만 개가 넘습니다. 잘 보면 여자 가슴도 보이고, 남자 거시기도 보임니다. 그라고 일제강점기 때 일본 순사가 저 소나무를 베러 자전거에 도끼 싣고 오다가 거꾸로 처박혀 그 자리에서 죽어뿐 기라. 기냥 나무가 아니라 영험한 나무라고 해마다 동제도 지내줍니다."

조금 떨어져서 석송령을 바라보면 나무끼리 용트림하는 소리가 들릴 것만 같다. 굵고 튼튼한 가지들이 서로 얽혀 새 가지를 만들어가듯, 많은 이야기를 낳은 석송령은 그 안에서 많은 사람이 쉴 수 있는 큰 그늘만 봐도 만석꾼답다. 우리 산천에 문화와 역사를 공유하는 나무가 있다는 것은 조상의 숨결을 실감할 수 있다는 것이다.

장터에서 이야기를 나누다 보면 농부의 행복이 먼 데 있는 것이 아니라 가까운 땅에 있음을 알게 된다. 공을 들일수록 먹거리를 많이 내주는 정직한 땅이 장터를 만든다. 풍기에서 사과와 인삼 농사를 짓는다는 이옥분(75세) 씨는 46년간 허리가 굽을 만큼 일만 하고 살았다. 땅이 전부인 양 살아온 그녀는 자신이 평생 일하는 기계처럼 길들어 있었음을 새삼 깨달았다며 시들어 가는 초록 미소를 지어 보였다.

"내 몸땡이로 땀 흘리고 살면 떳떳하다 카이. 남한테 손 벌릴 일도 없구마, 가만 집에 있으마 햇빛이 아까운 기라. 그래서 이것저것 일 만들어 하다 보믄 시간 간 줄도 모른다. 밤 되면 온몸이 쑤셔 끙끙 앓다가도 아침에 일어나 땅에 들어서면 펄펄 날아다니는 기라. 이게 뭔 병이고, 평생 농사질 팔자인 기라." 바람 소리, 햇빛 소리에 이끌려 몸을 부리며 논밭을 끼고 일에 사로잡혀, 외출 한 번 변변히 못 했다는 이씨의 사시사철은 일뿐이다. 일에서 벗

1장. 느림의 미학을 만나는 오일장

2019

어나는 순간이 죽는 순간이라며 자식들한테 미안하지만, 빨리 경계를 넘고
싶다고 하소연했다.

　그래도 전통이 살아남은 마을이 지역 곳곳에 있어 장터 촬영이 끝나면
찾아다닐 맛이 난다. 예천장에서 그리 멀지 않는 곳에 연꽃을 품은 금당실(金
塘室) 마을이 있다. 돌담길을 끼고 이어지는 고택들이 보이는데, 물맛 좋은 고
을답게 집 앞에 우물이 있다. 마을 입구에는 나라에 재난이 생겼을 때 찾아가
피하면 안전하다는 열 곳 중 하나임을 뜻하는 십승지(十勝地) 석조물이 서 있
어 승지 문화와 전통을 알린다. 돌담에 숨어 들어간 옛 선비의 책 읽는 소리
가 불쑥 튀어나올 것만 같다.

　장에서 떡과 묵을 파는 이춘도(80세) 씨는 50년째 예천장을 지키는 유명

한 할매다. 이제는 맛있게 먹어주는 것만도 고마워 그냥 줄 때가 많다는 이씨 할매는 돈 만들러 장에 나오지 않기 때문에 마냥 즐겁기만 하단다. "삼강주막 마지막 주모였던 유씨 할매가 외상으로 먹은 술값을 부엌 한쪽 벽에 빗금 그어논 것 봤나. 옛날에는 글자 모르는 사람이 태반이었다 카이. 그래서 자기만 알아볼 수 있게 표시를 한 기라. 나도 예천장 떡장수로 외상 장부책을 썼으면 공책 백 권이 넘었을 기라."

삼강주막은 강 세 줄기가 한데 모이는 삼강 나루에 있었다. 낙동강 뱃길 종점으로 부산에서 올라온 소금 배와 부려놓은 농산물 사이는 늘 사람들로 북적였다. 그러니 숙식을 제공하는 삼강주막도 붐볐다. 그중 가장 빈번히 그곳을 오갔던 보부상들은 뱃길로 다니며 삼강나루 장터에서 온갖 생활용품

2019

을 교환하고 팔았기에 마지막 주모였던 유씨 할매는 그들의 외상을 벽에 표시해뒀다. 이제 주막의 외상 장부였던 그 벽은 아크릴 액자에 담겨 보존돼 있다. 몇 년 전 보았던 모습과 달리 상강주막은 옛 시대상을 읽을 수 있는 역사와 문화를 상징하는 조형물을 만들어 관람객을 맞고 있다.

요즘 장터에 가면 아이와 함께 장에 나오는 동남아시아 출신 젊은 여성들을 종종 보게 된다. 불과 몇십 년 전만 해도 장터에서 이웃을 만나고 친척을 만나 소식을 들었다. 2010년 귀화했다는 한송희(38세) 씨는 예천장에서 6년째 월남 쌀국수집을 운영하고 있다. 한국에 온 지 18년 됐다는 한씨는 여자가 할 수 있는 일은 다 해봤다고 한다. 한국말을 못 해 몹시 힘들었는데 식당을 운영하는 덕분에 고향 사람들을 만나 고향 말을 할 수 있어 숨통이 트인다고 한다.

이처럼 장터는 이들 이방인에게 고향 역할도 한다. 머지않아 시골장터에 열대 과일이 산더미처럼 쌓이고, 외국어 간판을 내걸고 보도 듣도 못한 음식을 파는 장면을 상상해본다. 40년째 곡물 장사를 하고 있는 정복조(82세) 할매가 그러신다. "늙은이들만 보이던 장터에 요사이엔 젊은 색시들이 쪼매 보인다 카이. 나중에는 장터가 마이 젊어지겠지예."

예천에서 열리는 장에는 쪽파, 표고버섯, 건초누에 분말과 한우가 유명한 예천장(2, 7일), 참기름과 찰흑미로 유명한 지보장(1, 6일), 풍양 가지, 배, 칡소가 유명한 풍양장(3, 8일), 용궁 지낭미, 하우스 수박, 표고버섯이 유명한 용궁장(4, 9일)이 있다.

1987 영암장

영암장,
남도의 설악산으로 불리는 월출산

월출산이 내려다보이는 곳에서 20년째 육고기를 팔고 있는 김희자(64세) 씨는 월출산 천왕봉 기(氣)를 받아 장사가 잘된다고 자랑한다. "저 산 이쁘지라. 월출산 보는 맛으로 장사허요. 날굿이 허는 날은 더 잘 보인게 우리 가게로 모다 와싸." 모과 한 광주리를 따서 남풍리에서 왔다는 이씨(85세) 할매가 종이컵을 뽑으며 말한다. "자네 집 커피가 맛난 게 우덜이 이리 오제. 커피까지 맛있는 것 보믄 여가 명당은 명당이여." 따뜻한 커피믹스 한잔으로 하루 장사를 시작하는 할매들의 수다가 끝없이 이어진다. 도갑사 해탈문 이야기, 도갑사를 지키는 신령스러운 나무 이야기, 영험한 월출산 이야기 등 장 보따리 풀 듯 영암 이야기를 술술 풀어낸다.

영암은 호남의 젖줄인 영산강이 흘러들어 산과 강이 어우러진 지역이다. 너른 들과 갯벌이 형성돼 농산물과 수산물이 풍부해 장날이면 인근 지역에서 나온 산물들로 장터가 풍성하다. 특히 늦가을 장에는 밭 한 뙈기, 산 한쪽, 들판 한 쪽이 통째로 나와 손님을 기다린다. 밭에서 금방 뽑아온 생강이 난전에 깔리고, 무와 파, 시금치, 말린 토란대, 마늘, 콩, 고구마, 야산에서 따온 감과 모과, 햇볕에 말린 유근피 등 산과 들, 밭에서 나온 농작물이 자기 이름을 불러주기만을 기다린다. 특히 영암은 세발낙지로 유명해 영암 독천에 가면 낙지 골목에서 낙지를 이용한 다양한 요리를 맛볼 수 있다.

　　영암을 상징하는 월출산은 호남의 금강산이다. 아래에서 올려다보면 뾰족한 바위들이 병풍을 둘러친 듯 늘어서 있다. 영암장에서 36년째 국밥집을 운영하는 양순남(79세) 할매는 영암 토박이라고 한다. "오매오매 얼릉 들옷씨오. 시방은 아침밥은 안 헌디 시장해서 어찌까, 먹을 것이 한나도 없는디." 안주에 술만 판다는 양씨의 따뜻한 마음이 그대로 전해진다.

　　"여그 영암은 신령스러운 바위가 많어. 그래서 영암이여. 음력 보름날이면 달이 서 있다고 해싼게 구경하는 사람이 많애. 술 마심서 봤네, 못 봤네 해싼트만. 여그 장서 보믄 뾰족뾰족한 틈사이로 달이 막 기어 올라와." '영암(靈巖)'이라는 지명이 월출산 돌 때문에 생겼다는 이야기는 조선 시대 각 도의 지리와 풍속을 기록한 『동국여지승람(東國興地勝覽)』에도 나온다. 월출산에

는 움직이는 큰 바위가 셋 있는데, 이 바위 덕분에 영암에서 큰 인물이 난다는 소문이 이웃 나라에까지 퍼져 이를 시기한 중국인들이 움직이는 바위 세 개를 모두 굴려 떨어뜨렸다는 속설도 전해진다. 이 세 바위 중 하나가 스스로 자기 자리로 올라가 신령스러운 바위가 됐다는 것이다. 이 소문을 듣고 영암 사람들이 움직이는 바위를 찾아 월출산에 오르지만 지금까지 실물을 본 사람은 없다고 한다.

영암장에서 사이 좋기로 유명한 민금남(84세) 할매와 조판임(80세) 할매는 45년째 동업으로 닭과 오리를 판다. 오리와 닭을 집에서 키우면서 농사일까지 한다는 조씨 엄마는 "일에 치이다 보니 강산이 네 번 지날 때까지 몰르고 살았제. 넉 살 터울이면 궁합 볼 필요도 없다는 말 들어봤는가. 아직꺼정 우덜은 의

상한 적이 한 번도 없었당께. 성님 맞제라." 카메라에 들어온 두 엄마의 얼굴이
자매처럼 닮아 보이는 것은 왜일까. 돈이 오가는 곳에서 마음 상하지 않고 45
년간 동업할 수 있었던 것은 장터에서만 느끼는 정 덕분이 아닐까 싶다.

영암에는 2,200년 역사를 간직한 구림마을이 있다. 일본에 천자문과 백
제 문화를 전해준 왕인(王仁) 박사, 풍수지리 대가 도선(道詵) 국사가 태어난
곳도 영암이다. 좋은 일은 서로 권하고 어려운 일에는 서로 돕는 구림마을의
대동계는 500년이 넘도록 지금까지 이어지고 있다. 새로운 계원이 가입하려
면 기존 계원이 만장일치로 찬성해야 하므로 계원의 자식이면 아무것도 묻
지 않고 혼사를 치를 만큼 전통 있는 계 모임이다. 흙 돌담길을 따라 구림마
을로 들어서면 '회사정(會社亭)'이 나그네를 반긴다. 회사정은 대동계 모임

장소이자 일제강점기에 마을 사람들이 모여 '대한독립 만세'를 부른 곳이다.

늦가을에 찾아간 구림마을에서는 흙담 위로 감이 농익어 가을 정취가 물씬 풍겼다. 구림마을 대동계는 함양 박씨, 창녕 조씨, 낭주 최씨, 해주 최씨 네 성씨가 주도하며, 이들은 조선 후기부터 현재에 이르기까지 구림을 대표하는 성씨로 남아 있다. 네 성씨는 상호 혼인을 통해 밀접한 인적 관계를 유지하고 있지만 사당이나 정자 건립 등 마을의 주요 사업에는 아직도 문중 간 위세 경쟁이 존재한다. 대동계는 특히 교육에 관심이 높아 구림 사람들의 자랑거리 중 하나가 박사를 많이 배출했다는 것이다.

32년 전 여름날 영암장에는 구슬픈 단소 소리가 한가한 장터를 깨우고 있었다. 듣는 이 없는데도 구슬프게 단소를 부는 노인은 후줄근한 한복을 입

2018 영암장

2018 영암장

고 있었지만, 안경과 시계까지 차고 있어 당시로서는 꽤 멋쟁이였다. 하지만 단소 연주에 막걸리 값을 보태주는 이는 없었다. 신문지에 씨앗 봉지를 펼쳐 놓은 노점상에 여인들이 몇 명 앉아 있었는데, 그들을 향해 단소를 불고 있었던 것이다. 연주가 끝나자 박씨 할매가 말한다. "오메, 하도 구성진 게 내 애간장이 다 녹아불것쏘. 막걸릿갑 줄 탱게 싸게 하나만 더 불어주씨요."

30년이라는 시간이 장터 문화를 바꿔놓아 이제는 바닥에 앉아 체를 만들던 아재도 안 보이고, 저울추로 사람 정을 달던 아짐도 보이지 않는다. 비 오는 날 손수레에 당근을 가득 싣고 십 리 길을 걸어온 천공순 아짐도 안 보이고, 추운 겨울날 시금치 한 바구니 끼고 노점에 앉아 있던 할매도 보이지 않는다. 변하지 않을 것 같던 장터는 갈 때마다 새로운 옷을 갈아입어 과거와 현재가 함께한다. 장터는 이렇게 시간을 더께더께 덧칠하면서 과거를 지워나가는 것 같아 안타깝기만 하다.

각시 때부터 장사했다는 김순임 할매는 반평생 사람을 상대하다 보니 지금은 점쟁이보다 사람 속마음을 더 잘 안다고 자랑했다. 잘 익은 무화과를 내 손에 쥐어준 김씨 할매는 "여그 아니면 무화과나무가 살지도 못해. 따뜻한 남쪽에서만 크는 지조 있는 낭구랑께. 근디 요것이 성질이 급해 갖고 뒤돌아서면 변해뿐져. 긍께 엉릉 잡숴." 무화과는 장터 엄마들의 너른 품처럼 꽃을 품은 과일이다. 그래서 무화과를 먹을 때는 꽃을 먹는다고 한다.

장터와 마을을 지키는 당산나무는 오래된 미래이자 과거다. 그래도 오늘을 사는 사람들은 장터를 오가고, 오래된 나무와 대화한다. 도갑사 일주문 맞은편에 480년 세월을 짊어진 오래된 고목나무가 힘겹게 서 있다. 나무를 바라보면 마치 용이 승천하다가 줄기에 엉켜 붙은 듯 건드리면 꿈틀거릴 것만 같다. 어떤 사연이 녹아들었기에 나무 형상에서 부처도 보이고, 내 어렸을

적 고향 마을 외동 할매도 보이고, 같이 놀았던 내 동무 깨순이도 보이고, 콩
밭에 같이 다녔던 순둥이도 보이는 것일까. 장터는 과거를 불러내는 마술사
임을 장터 할매들을 통해 배운다. 나무 한 그루, 흙 한 줌, 들에 피어 있는 이
름 없는 들꽃에도 삶을 들려주는 할매들의 정(情)이 곧 장터다.

영암에서 서는 장에는 무화과, 황토 고구마, 대봉 감, 토하젓, 영암 수박, 달마지 쌀, 어
란이 유명한 영암장(5, 10일), 애호박이 유명한 영암 시종장(2, 7일), 산나물, 고추, 감
으로 유명하고, 왕인 박사 유적지가 있는 영암 구림장(2, 7일), 달마지 쌀과 천연 황토
에서 재배되는 무, 배추, 수박, 토마토, 오이, 고추, 배가 생산되는 영암 신북장(3, 8일),
낙지로 유명한 영암 독천장(4, 9일)이 있다.

2장
여인 삶의 향기가 밴
오일장

1988 청양장

청양장,
콩밭 매는 아낙네가 부르는 칠갑산

"내가 성한 사람인지 미친 사람인지 모르겠어유. 이 짓을 55년 동안 하고 있으니..." 몇 해 전 청양장을 찾아갔을 때 만났던 나씨 할매가 여전히 좌판을 지키고 있었다. 반가운 마음에 "지금도 장사하고 계시네요."라며 인사를 드렸더니 "또 만나네유. 돈 쓸 데도 없는데 장날만 되믄 보따리를 싸서 나온당께유. 죽어야 이 버릇을 고치지유. 자식들이 말리는데도 나도 모르게 장날이면 나오구만유. 근데유 지금은 장사가 재밌어유."

심지어 장날이면 장터에 나가지 못하게 자식이 문을 지키고 있을 때도 있다는 나씨 할매는 그래도 장에 나와야 살아 있음을 느낀다고 한다. 평생 해오던 것을 늙었다고 하지 말라는 것은 죽으라는 말이나 똑같다는 것이다. 요즘에는 3대가 단골로 찾아온다며 자랑하듯 말하는 입가의 주름이 계급장처럼 정겨워 보인다.

청양장은 2일과 7일이 들어가는 날 열렸는데 2009년에 정기 시장과 상설 시장을 통합해 운영하고 있다. 장날이면 아케이드 주변에 수많은 파라솔을 가림막 삼아 장돌뱅이들이 밀물처럼 들어오고 장이 파하면 썰물처럼 빠져나간다. 봉고차에 신발을 가득 싣고 전국에서 가고 싶은 장만을 골라 다닌다는 백씨(63세)는 그 지역 사람들을 보면 그 지역 자연까지 알 수 있다며 너스레를 떨었다.

2013 청양장

2019 청양장

만약 예전 장돌뱅이인 보부상이 백씨와 이야기를 나누게 된다면 어떤 말이 오갈지 자못 궁금해진다. 등짐을 지고 무리를 지어 험한 산을 넘나들며 물건을 팔았던 보부상과 달리 요즘 장꾼들은 차에 물건을 싣고 다니며 장사하지만, 자본화한 그들의 행태에서 정(情)을 느끼기는 어려워졌다. 그래도 보부상들이 서로 의지했듯이 닷새 만에 만나는 장꾼들은 형제처럼 서로 살갑게 대한다.

청양장 난전은 통로마다 사열하는 병정들처럼 질서정연하게 올망졸망 앉아 있는 약초들이 청양 지역의 산세를 말해준다. 장터는 지역 사람들의 생활이 진열되는 무대로 당시 유행을 그대로 펼쳐 보여준다. 계절 따라 진열되는 물건도 다르다. 봄에는 얼었던 땅을 뚫고 올라온 풋풋한 초록 푸성귀를, 여름에는 따가운 햇볕 아래 농익은 과일과 채소를, 가을에는 노랗게 물든 들판에서 익어간 곡식을 가져온 여인네들의 삶이 아름다운 색과 냄새와 맛과 소리와 함께 진열된다.

청양에는 충남의 알프스로 산세가 높고, 거칠고, 가팔라 사람들의 발길이 흔히 닿지 않는 울창한 숲이 많은 칠갑산이 있다. 천혜의 자연환경으로 6·25전쟁 통에도 이곳 사람들은 총소리 한 번 듣지 않고 무사히 위기를 넘겼다고 한다. 청양장에서 만난 박씨(78세) 영감은 "칠갑산은 엄마 품과 같은 포근한 산이지유. 그러구유, 돌아다니면서 일곱 군데에 명당을 만들어 칠갑산 이름이 생겼다고 하더만유."라고 했다. 칠갑산은 천지 만물을 상징하는 칠(七)과 육십갑자의 첫 글자인 갑(甲)에서 따왔다고 전해진다. "콩밭 매는 아낙네야/ 베적삼이 흠뻑 젖는다/ 무슨 설움 그리 많아/ 포기마다 눈물 심누나." 가요로 더 유명하지만, 칠갑산은 깊고 웅장한 산세를 보여 청양의 진산(鎭山)이 돼왔다.

청양장에서 만난 강씨(79세)는 "텔레비전과 라디오가 젊은것들을 하나
둘 도시로 보냈시유. 우리 아들도 농사 팽개치고 서울로 올라갔구먼유. 근디
시방은 고향에 내려와서 농사짓고 살겠다고 허는디 내가 말리고 있구먼유.
농사는 말로 짓는 게 아니라 몸을 써야 헌다는 걸 모른당께유." 강씨는 구기
자 농사를 지으러 내려오겠다는 아들이 미덥지 않은지 말끝을 흐리며 구기
자 자랑에만 열을 올렸다. 콩밭 매는 아낙네가 유명한 칠갑산답게 청양은 콩
을 주재료로 한 청국장과 검정콩으로 만든 두부, 구기자로 만든 동동주가 일
품이다.

　요즘 장터에서는 돈의 가치가 도시에서와 비슷해지고 있다. 물건 몇 개
올려놓고 오천 원 아니면 만 원이다. 하지만 설씨 할매가 펼쳐놓은 물건은 고
작 붉은 당근 4개뿐이다. 가격을 물어본 내게 "천 원만 줘유. 이거라도 펼쳐

2011 청양장

2장. 여인 삶의 향기가 밴 오일장

놔야 사람 구경을 마음껏 허지유. 산중에 살다 보면 사람이 그리워유."라고 말한다. 땅을 일구는 사람들의 정이 장터에까지 따라 나와, 도시에서는 풍경으로 보이던 사람들이 여기서는 이웃이 되고, 아짐과 아재가 돼 "아따, 그놈 잘생겼다."라며 건네는 파 한 뿌리에도 인정이 스며 있다.

청양은 1962년부터 구기자나무를 재배해왔다. 구기자는 줄기, 뿌리, 꽃, 열매, 어느 하나 버릴 것이 없다. 진시황이 찾던 불로초에 버금가는 귀한 약제로 200일간 하루도 빠짐없이 먹으면 아이처럼 젊어진다는 전설이 있다. 일월에 뿌리를 캐 이월에 달여 먹고, 삼월에 줄기를 잘라 사월에 달여 먹고, 오월에 잎을 따서 유월에 차로 끓여 마시고, 칠월에 꽃을 따서 말려 팔월에 달여 먹으며, 구월에 수확한 과실을 시월에 먹었더니 삼백 살이 넘었는데도 아이처럼 젊고, 걸음도 빨라졌다고 한다. 오래 살고자 하는 인간의 욕망이 만들어낸 전설이지만 구기자를 이렇게 먹어본 이가 있을까 의아스럽다.

칠갑산 인근에 장승 문화를 계승하고 발전시키려고 만든 한국 최고의 칠갑 장승공원이 있다. 장승은 묵묵히 지역을 지키며 과거와 현재, 미래를 아우르는 백성의 감정이 담긴 익살스럽고 험상궂은 표정을 천 개의 얼굴로 드러내 보는 이를 미소짓게 한다. 어린 손녀를 데리고 장승을 구경하던 박씨(75세)가 장승처럼 익살스러운 표정을 지어 보이자 어린 손녀가 깔깔 웃는다. 쥐, 소, 호랑이 등 열두 동물로 지상의 변화와 인간의 여러 정신적 특성을 비유한 십이지(十二支) 장승 앞에도 사진 찍는 사람이 많다.

청양의 명소는 역시 출렁다리다. 전에는 여자가 결혼하면 '떡두꺼비' 같은 아들 낳기를 원했는데, 출렁다리 건너 칠갑산 소원바위를 어루만지면 소원이 이뤄진다는 전설이 알려져 지금도 전국 각지에서 찾아오는 여인들로 인산인해를 이룬다. 청양에 사는 어느 할매는 며느리가 마흔이 넘도록 아이를 낳지 못하자 매일 이 소원바위에 찾아와 지극정성으로 소원을 빌었더니 결혼 7년 만에 건강한 사내아이가 태어났다고 한다. 출렁다리가 있는 천장호는 여성의 자궁 형상으로 생겼는데 임신과 자손의 번창을 상징한다는 풍수사의 이야기가 전해져 여인들이 소원바위를 찾아온다는 것이다. 흰 종이에 쓴 소원을 새끼줄에 매달아놓은 마음이 지나가는 바람에 흔들린다.

청양에서 열리는 장에는 전국에서 생산량이 가장 많은 구기자로 유명한 청양 전통 시장(2, 7일), 구기자, 버섯, 약초가 많이 나는 청양 정산장(5, 10일), 청양 화성장(5, 10일)이 있다.

2019 청양 칠갑산 소원바위

1992 순창장

순창장,
고추장으로 버무린 살풀이

장터에 가면 지역 주민이 산과 들, 그리고 밭에서 채취한 싱싱한 것들을 펼쳐놓은 난전을 찾아간다. 할매들과 인생 이야기를 나누다 보면 책에서는 찾을 수 없는 살아 있는 지혜를 배우게 된다. 간혹 말장단이 맞아 이름을 물어보면 난색을 표명하는 할매에게 사뭇 진지한 표정으로 "할매 시집 보내줄라고 물어보는디 쪼까 알케줏씨요."라고 하면 나란히 앉아 있던 할매들과 온갖 푸성귀들이 갑자기 생기가 돌면서 초록 웃음이 피어난다.

이곳 여인들 보따리에는 자녀의 꿈과 희망이 숨어 있고, 땅이 보물창고인 양 온갖 씨앗에 수많은 비밀을 담아 봄이 되면 시간을 심었다. 한(恨)이 겹겹이 쌓인 퇴비에 바람 소리, 풀 소리, 물 흐르는 소리가 스며들며 땅과 만난다. 그렇게 엄마들은 여름 내내 밭을 매며 호미 끝자락에 비밀을 묻어놓았다가 가을이면 캐낸다. 넓은 땅에 농사를 지어도 어느 밭에서 순이 제일 먼저 나고, 어느 작물에 마지막으로 해가 비치는지 알고 있다.

뒷골목 대장처럼 벽에 기대 오가는 사람들의 신수를 점치는 사주쟁이 할배는 순창장의 터줏대감이다. 어떤 사연이 있기에 바닥에 앉아 다른 사람들의 인생을 엿보게 됐을까.

순창은 고추장으로 유명하지만, 여자 이야기가 많은 곳이다. '순창 여인들의 길'이라는 주제로 산동리 남근석, 홀어머니성, 요강바위 등에 얽힌 전설

2019 순창장

2019 순창장

1989 순창장

2019 순창장

과 설화는 지금도 순창 어르신들 입에서 회자된다.

순창 여인들은 저녁에 들일을 마치면 한데 모여 수를 놓았다. 주로 베갯모 자수를 놓았는데 뜸 수가 가늘고, 모양이 섬세해 찾는 이가 많았다고 한다. 하지만 이젠 그 명맥이 끊어져 안타깝기 그지없다. 밤이면 여인들이 모여 기호와 취미에 따라 자기가 보고 느낀 것을 소박하고 해학적인 형태로 한 땀 한 땀 바느질하고, 주고받았던 이야기대로 베갯모에 봉황을 살려내고, 해와 달을 심었다. 그렇게 호롱불 아래서 함께 웃고 울면서 한(恨)의 원형을 만들어 '순창 여인들의 길'이 탄생했다.

대모산성(大母山城)이라고도 부르는 홀어머니 성은 예전에 군량을 비축해두던 곳으로 고려 말 어느 어머니가 아홉 아들과 함께 쌓은 성이라고 해 이런 이름이 붙었다고 한다. 이 성에는 죽음으로 정절을 지킨 과부 양씨와 설씨 총각의 사랑 이야기도 전해진다. 양씨를 사모하는 총각 설씨가 결혼해달라고 조르자, 거절하기 어려웠던 양씨 부인은 자신이 산에 성을 다 쌓기 전에 총각이 나막신을 신고 한양에 갔다가 오면 결혼하겠다고 약속했다. 그러나 성을 다 쌓기 전에 설씨 총각이 돌아오자 양씨 부인은 두 남편을 섬길 수 없다며 성벽 위에서 몸을 던져 자결해 정절을 지켰다고 한다. 설씨 총각도 뒤따라 목숨을 버렸고, 마을 사람들이 그들의 애틋한 사연을 기리고자 산성을 완성했다는 이야기다. 시집가는 신부는 이 길을 피해 다른 길로 다녔다고 한다.

순창 사람들은 외지인만 보면 순창 고추장 자랑을 늘어놓는다. 이곳 고추장은 너무 짜거나 맵지 않고, 달콤하면서도 알싸한 맛이 오랫동안 혀끝에 남아 한번 맛보면 그 맛이 그리워진다. 그 비결은 안개 끼는 날이 한 해에 77일이나 되는 순창의 기후에 있다고 한다. 전주에서 똑같은 재료를 사용해 담는데도 순창 고추장 맛이 다른 것은 순창에서는 음력 칠월에 메주를 담기 때문이다. 순창의 고유한 기후 때문에 이곳에서 담가야 순창 고추장 맛을 낼 수 있다는데, 그 비결은 오로지 자연만이 알 것이다.

호남 정신의 반은 순창에 있고, 순창 정신의 반이 있다는 회문산은 영화 「남부군」의 촬영지다. 구한말에는 여기서 의병들이 쓰러졌고, 6·25전쟁 때는 동족상잔의 비극이 벌어졌다. 「남부군」을 촬영할 때의 이런저런 일화는 주민들이 장터 국밥집에 모일 때마다 안줏거리가 된다. 마을이 좌우로 갈라져 말 한마디에 죽고 살았던 아픈 기억 때문인지 격렬한 말싸움이 일어나곤 한다. '아따! 아재 미안허요' 하면 금세 풀어지지만, 이들을 보면서 지난 역사를 돌아보게 된다. 조정래의 소설 『태백산맥』에서도 형과 동생이 좌우로 갈려 갈등을 겪게 되지 않던가. 백성의 삶에까지 파고든 이념의 위력이 무섭지만 아픈 과거에도 아름다운 추억이 숨어 있기에 살 만한 세상이 아니던가.

순창에서 열리는 장에는 순창 고추장으로 유명한 순창장(1, 6일), 오디, 복분자, 완두콩을 생산하는 복흥장(3, 8일), 매실로 유명한 동계장(2, 7일), 한봉꿀, 밤, 산나물, 고추, 감이 많은 구림장(3, 8일)이 있다.

2011 남원장

남원장,
춘향이의 고장

　남원은 지리산 자락이 넓게 드리워서 산수풍경이 아름답고, 산과 들에서 나오는 농산물이 풍부하다. 게다가 전남, 전북, 경남, 3도가 만나는 교통의 요지로 장날이면 노점을 비롯해 장꾼들의 행렬이 끊이지 않는 장관이 펼쳐진다. 남원장은 임진왜란 이후 성 밖 밤나무 숲을 베어낸 공터에 섰던 것을 1970년 광한루원 인근으로 옮겨 남원을 대표하는 전통 시장이 됐다.

　"워메 줄 것이 한나도 없는디, 요 무시라도 하나 깎아드릴께라. 먼디서 온 손님인디." 오손도손 콩을 까는 신씨(90세) 할매와 박씨 할매 손이 바쁘다. "햇볕이 짱짱한 날은 방귀 뀔 시간도 없어, 뭣이라도 말려야 속이 개운허제. 아따, 요 무시라도 좀 잡수랑께."

　땅바닥에 질펀하게 앉아 파장이 될 때까지 콩 까는 그 단순한 동작을 쉬지 않고 반복하는 모습을 지켜보고 있으면 나도 모르게 할매 손을 잡게 된다. "일만 하는 손이라서 물짜, 꼭 소가죽 같제라. 그래도 이 손으로 새끼덜 먹이고 갈쳤제." 사람이 그립고, 사람이 보고 싶은 할매들은 돈 만지는 재미보다 사람 보는 재미가 더 큰 듯, 어디서 왔느냐, 밥은 먹었느냐며 난전에 펼쳐놓은 무라도 깎아 입에 넣어줘야 마음이 편한 엄마 정이 뚝뚝 묻어난다.

　남원장은 순정한 마음이 모여 도시와 시골이, 과거와 현재가 한데 어우러지는 곳이다. 투박한 돌부처의 엷은 미소를 짓게 하는 사투리는 어렸을 적

2018 남원장

2018 남원장

1990 남원장

2011 남원장

우리 집 마당으로 데려간다. 거기에는 산과 들과 밭에서 가져온 오만 가지 수확물이 누워 있기도 하고, 앉아 있기도 하고, 서 있기도 해 발레를 하듯 까치발로 틈 사이를 걸어 다녔던 추억을 장터에서 만난다.

몇 해 전, 됫박과 리어카와 함께한 시간이 50년이 다 돼간다는 한금옥 할매를 만났다. 친구보다 더 소중하다는 됫박이 아짐 곁을 지킨다며 자랑했다. 장사 시작할 때부터 쓰던 것이라 버리지 못하고, 옥양목으로 됫박을 감았다. 못도 사용해보고, 테이프도 사용해봤는데 됫박 느낌이 들지 않아 옥양목으로 감아 써보니 손맛에 딱 들어맞았다고 한다. 한씨 아짐은 "이만하면 이쁘제이. 요놈이 날 살린당께. 잠잘 때도 머리 위에 함께 있어라우. 장에서 늘 상 본게 눈에 안 비치면 허전허고 그라제. 근게 늘상 끼고 살아. 요놈이 덤을 한 줌 올리면 알아차린당께..."라고 했다. 세월이 더께더께 달라붙은 됫박을

1991 남원장

건드리면 아쟁 소리라도 들릴 것만 같아 한참을 들여다봤다.

남원은 「춘향가」 덕분에 국악의 성지가 됐다고 해도 과언이 아니다. 기교가 아닌 소리에 모든 것을 건 동편제 중심지로 우뚝 선 것도 소리꾼을 많이 배출한 덕분이다. 남원 운봉에 있는 동편제 마을에 가면 조선 말기 판소리 명창 송흥록(宋興祿)과 미산(眉山) 박초월(朴初月) 명창의 생가가 복원돼 있다. 특히 이곳은 동편제의 미학을 시각적으로 표현한 둥근 조형물이 방문객을 판소리 장단에 맞춰 걷게 해놓아 명창들의 발자취를 돌아보게 한다. 해가 서산에 걸릴 무렵에 찾아간 동편제 마을 입구에 수백 년 묵은 당산나무가 마을을 지키고, 나무 옆에서 한 여인이 도리깨로 콩을 타작하는 모습이 동편제(東便制) 소리마디처럼 들렸다.

장터에 빙 둘러앉아 늦은 점심을 먹는 아짐들 옆에 앉았다. 같이 모여 밥 한술 뜨는 맛에 장에 나온다는 최씨(75세)는 "춘향이가 남원을 먹여 살린다고 해싸트만, 요 뽀짝 옆에 광한루가 있는디 춘향제 열릴 때 되면 사방 군데서 온당께. 옛날에 우덜은 '춘향이 굿 보러 가자'고 동무들끼리 얼매나 기다렸는지 몰라, 지금이사 텔레비도 있고 헌디 옛날에는 암것도 없승께 춘향제가 큰 굿이었제. 내가 쨰깐할 때 줄타기허는 것을 보는디, 내 간이 다 조마조마허드랑께. 한부짝에서는 그네 타고, 북장구치고, 씨름판 열고 그런 굿이 없었제."

춘향제는 1931년 시작돼 2020년 90회를 맞이한다. 일제강점기에는 권번에 속한 기생들이 제관을 맡고, 지역 유지와 국악인들이 참여했으나 1950년부터는 남원군에서 제례를 주관하면서 향토문화제 면모를 갖추게 됐다. 기생 대신 남원 지역 여고생들이 제관과 제원이 됐고, 명창 대회, 춘향이 선발, 백일장 등 다양한 행사가 열리면서 많은 이가 이 축전에 참여하게 됐다.

그러다가 1962년 전라북도에서 춘향제를 주관하게 되면서 행사도 광한루를 벗어나 시내 곳곳에서 진행됐으며 전라북도의 대표적인 축제가 됐다. 광한루에 있는 오작교를 밟으면 부부 금실이 좋아진다는 전설이 있어 칠월칠석날이면 많은 젊은 남녀가 이 다리를 건넌다.

장터 할매들이 자랑하는 실상사(實相寺)에는 연꽃밭과 돌장승이 사찰 초입에 호법신(護法神) 역할을 하며 서 있다. 이는 마을을 수호하고, 가정의 안녕과 무병장수, 소망을 이루어주는 소박한 신앙으로 옛날부터 전승돼 현재까지 그 명맥을 유지하고 있다. 실상사는 4천 근이나 되는 철로 만든 철불이 있는 곳으로 유명하다. 철불이 꼿꼿이 앉아 지리산 천왕봉을 바라보는 모습이 살아 있는 생불 같다.

풍수지리설에 따라 철불상을 모셔 일본으로 흘러가는 정기를 막았다고 한다. 실상사는 불교 신자들이 천왕봉을 바라보는 철불이 나라에 좋은 일이 있을 때마다 땀을 흘린다고 믿어 자주 찾는 절이다. 연꽃이 필 무렵 실상사는 또 다른 모습으로 사람들을 맞이한다. 장터에서 장사하는 할매의 얼굴에서 부처가 보이듯, 연꽃 밭에 피어 있는 꽃봉오리에서 부처를 만날 것이다. 아니 철불을 만나게 될 것이다.

남원에서 열리는 장에는 약재와 산채가 많이 나오는 남원장(4, 9일), 잣, 산나물, 더덕이 생산되는 인월장(3, 8일), 마늘, 고추, 고랭지 채소가 나오는 운봉장(1, 6일)이 있다.

2018 남원 실상사

2018 남원 실상사

3장
자연 특산물과
만나는 오일장

2017 논산 강경장

강경장,
백제의 옛 터전 황산벌

"때깔 좋은 것은 먹기도 좋다는 말이 있지만유, 젓갈은 된장처럼 숙성돼야 깊은 맛이 나유. 그러니께 젓갈은 색이 좀 가라앉아야 제맛이 나는구면유. 요 새우젓 맛 좀 보랑께유!" 20년 넘게 젓갈을 만지다 보니 저절로 젓갈 박사가 됐다는 권정애 씨는 젓갈을 숙성시키는 저온 창고까지 보여주면서 젓갈 자랑에 열을 올렸다. 특이하게도 8월만을 금어기로 정해놓아 새우를 잡지 못하므로 8월 한 달간은 경매가 없다고 한다.

논산 강경장은 조선 후기에 번성한 장으로 평양장, 대구장과 함께 조선의 3대 내륙 장 중 하나였다. 충청도 내륙 지방 산물들이 금강 뱃길을 따라 강경으로 와서 팔릴 정도로 장이 서는 날이면 여러 지방 특산물을 실은 배들이 줄을 지어 몰려들었다. 그러나 지금은 옛 명성을 잃은 채 젓갈 통만이 줄지어 손님을 맞이한다.

강경에서는 옛 명성을 되찾고자 지역 특산물인 젓갈을 내세워 매년 10월 '강경 발효 젓갈 축제'를 연다. 과거에는 장날이면 온갖 물건을 사고팔려고 뱃사람들, 봇짐장수, 등짐장수, 우마차를 끌고 온 농부들로 인산인해를 이뤘지만 요즘 강경장은 젓갈 시장으로 알려져 김장철에 많은 사람이 찾는다.

논산 강경장을 찾았을 때 마침 '보부상, 문화를 전하다'라는 보부상 전통문화 축제가 열리고 있었다. 천년 역사의 맥을 잇는 충청남도 상무사들이

2019 논산 강경장

2012 논산 강경장

보부상의 상징인 패랭이 모자를 쓰고, 엿장수와 어우동 행색으로 항아리와 모시, 비단, 생활필수품 등을 지게 짐과 등짐으로 지고 길놀이를 재현해 박수 갈채를 받았다.

저산 팔읍 상무사의 윤태순 씨의 커다란 북도 눈길을 끌었다. 33년 전에 충북 진천장에서 큰북을 짊어지고, 외발로 두드리는 엇박자 장단과 유행가 노랫가락이 뒤섞여 행인들을 불러 모으는 진풍경을 본 적이 있었는데, 이날도 큰북이 등장해 장에 나온 어르신들의 추억을 소환하기에 충분했다.

보부상의 활동은 단지 물건을 팔아 이익을 얻는 데 그치지 않았다. 시장이 경제 활동의 현장이 되게 한 조선 시대 경제 발전의 주역으로 상거래를 주도했고, 아울러 상층 문화와 서민 문화를 잇는 고리 역할을 하며 당대 삶의 중심에 서 있었다. 패랭이에 솜뭉치를 달고, 머릿짐과 등짐을 이고 지고 고개

를 넘나들며 이 동네 저 동네 이웃의 삶과 그 사연들을 길로 나르고, 길에 새겼다. 보부상은 조선 시대 고유의 행상으로 산간벽지까지 찾아가 물건을 팔았다. 보부상 전통은 시대 흐름에 따라 오늘날 널리 확산한 방문 판매와 통신 판매, 인터넷 판매 등 새로운 패러다임을 만들어냈다.

논산 강경포구는 일제강점기까지만 해도 쌀을 포함해 인근에서 생산된 것들을 일본으로 실어 가는, 이른바 수탈 거점으로 삼았기에 일본인이 많이 살았다. 그들이 살았던 곳이 이제는 강경의 근대문화 관람 코스가 돼 일본인들 소유 건물이었던 대성상회, 홍인병원, 한일은행 강경 지점 등이 '강경 역사관'으로 이름을 바꿔 달아 혹독했던 암흑기 역사를 돌아볼 수 있다.

논산에는 조선 시대 사설 학교였던 돈암서원(遯巖書院)이 있다. 지난해 유네스코 세계문화유산인 '한국의 서원'으로 등재됐다. 서원은 성리학과 유

교 철학을 가르치고, 학자를 길러내는 사설 교육기관으로 지금의 사립대학
인 셈이다. 홍살문을 통해 서원으로 들어가면 오래된 향나무와 배롱나무 꽃
이 반기고, 꽃담에서는 선비의 꼿꼿한 기상을 엿볼 수 있다. 돌담에 새겨진
한자를 오른쪽에서 왼쪽으로 한 획 한 획 읽다 보면 옛 선비의 낭만도 느껴
진다. 학문하는 자는 모름지기 세상을 열린 마음으로 대해야 한다는 뜻에서
'지부해함(地負海涵: 지식은 넓히고 행동은 예의에 맞게 하라)' '박문약례 서일화풍
(博文約禮 瑞日和風: 상대방을 배려하고 응대하면서 소통하고, 널리 이해하고 포용하라)'
등의 가르침을 새겨놓아 옛 선비의 예절과 소통 정신을 엿볼 수 있다.

　　30년 넘게 장터를 기록하고 있지만 내게 오일장은 여전히 움직이는 박
물관이다. 장터에는 세상 만물이 축약돼 있고, 살 것 볼 것 먹을 것도 많아 어

2019 논산 개태사 철확

른이나 아이나 '장날은 촌놈 생일'이라고 했듯이 모두 즐거워한다. 예전에는
장마당에서 농기구도 직접 만들어 팔았는데 여기에 훈수 두는 사람이 많아
도리깨 발이 들쑥날쑥하고, 체가 터무니없이 커지고, 쟁기가 펑퍼짐해지는
등 이들 주위에서 웃음이 떠나지 않았다.

　　장터에서 엿듣는 지역 문화는 덤이다. 연산임리에 산다는 주영길 씨는
개태사(開泰寺)에 있는 철확(鐵鑊: 쇠솥) 이야기를 해줬다. "일본놈들이 지그
나라로 가져가려고 그 큰 가마솥을 부산까지 가지고 내려갔대유. 그란디 가
마솥을 배에 실으려고 허니까 솥에서 큰 소리가 나서 한바탕 소동이 일어났
대유. 그란게 선적이 보류됐지유. 여그 지역 사람들이 이 가마솥을 찾을라꼬
진정서도 내고 난리굿을 다 했지유!" 일본으로 실려 가지 못한 철확은 경성

2018 논산 돈암서원

박람회에 출품됐다가 한동안 논산 연산공원에 전시됐고, 결국 1981년 개태사로 옮겨졌다고 한다. 큰 가뭄이 들 때마다 이 솥을 다른 곳에 가져가면 비가 온다는 전설이 있어 연산 부근으로 오게 됐다고 전해진다. 고려의 태조 왕건이 5백 명 스님에게 국을 지어 먹일 솥으로 내려준 것으로 알려진 개태사 철제 가마솥은 개태사가 폐허가 된 후 벌판에 방치됐다가 다시 개태사로 옮겨졌다. 태평양전쟁이 일어나던 해 철확을 녹여서 무기를 만들려고 솥을 깨려고 했다가 뜬금없이 천둥·번개가 치고 세찬 소나기가 내려 모두 도망쳤다는데, 그때 파손된 모습이 그대로 남아 있다. 오죽하면 염라대왕도 논산 사람을 만나면 '연산의 가마솥을 보았느냐?'고 물었다니 논산의 명물임은 분명한 듯하다.

논산에서 열리는 장에는 논산장(3, 8일), 전국에서 가장 큰 새우젓 시장으로 알려진 강경장(4, 9일), 연무장(5, 10일), 오골계가 많이 나오는 연산장(5, 10일), 딸기가 가장 많이 나는 양촌장(2, 7일) 등이 있다.

2019 광천장

광천 토굴 새우젓 시장,
은근하게 발효된 자연의 맛

짙은 그늘이 감싸고 있는 파라솔들이 물고기 비늘처럼 맞물렸고 서툴게 지은 집처럼 여인들 웃음소리에 휘청거린다. 파라솔 사이사이로 햇빛이 헤집고 들어오자 비릿한 생선 냄새가 푸른빛을 일으킨다. 광천(廣川)이 천수만 바다와 만나는 이 지역에는 생선 파는 난전이 많다. 여기에 이 지방 특산물인 광천 토굴 새우젓이 유명해 작은 마을 광천을 관광지로 탈바꿈시켰다.

수수한 멋을 풍기는 산과 바다가 있는 광천은 김장철이면 전국에서 몰려드는 사람들로 인산인해를 이룬다. 토굴에서 숙성시킨 새우젓이 입소문으로 사람들을 불러들이는 것이다. 부지런한 여인들이 좌판에 나란히 세워놓은 온갖 생선은 누군가 툭 하고 건드리면 금방 무너질 것만 같다. 여기에 제철 봄나물과 싱싱한 딸기에서 풍기는 달콤한 향기가 물감을 뿌려놓은 듯 장안을 검붉게 물들인다.

광천 시장 입구에 큰 새우와 토굴 모형이 서 있어 여기가 토굴 새우젓 시장임을 한눈에 알아볼 수 있다. 안으로 들어가면 입구에 생선 좌판이 늘어서 있고, 그 안쪽 잡화점에는 세상 모든 것이 진열돼 있다. 천북면 사오리 바닷가에서 태어나 지금까지 대처에 나가본 적이 없다는 박소래(78세) 할매는 "우리 엄니가 나를 뻘밭에서 낳았다고 허대유. 어려서부터 놀아서 그런가 기어 댕김서 조개를 깨도 젤로 편허구먼유. 요새는 내 탯자리가 나를 살리고

3장. 자연 특산물과 만나는 오일장

있다는 생각이 들어유." 박씨는 요즘 들어 갯가재와 비슷한 쏙이 조개를 다 잡아먹고, 개펄에 구멍을 뚫어놓아 잘 잡히지 않는다며 겨울에는 굴을 팔고, 여름에는 낙지를 팔고, 봄에는 조개를 파는데 직접 채취한 것만 장에 가져온다.

특히 봄날 장터는 씨앗을 파는 난전이 많아 초록 세상이다. 각종 씨앗을 펼쳐놓은 남씨(64세)는 초록으로 좌판을 꾸몄다. 긴 장대가 받쳐 올라가 있는 초록색 그늘막에서 내려오는 빛이 초록 바다를 떠올리게 한다. 봉지 속에 들어 있는 수많은 씨앗이 땅속으로 들어가고 싶어 아우성치는 소리에 지나가는 사람들이 발걸음을 멈춘다.

2대째 토굴 새우젓을 파는 심상록(65세) 씨는 개인 토굴에서 숙성 중인 새우젓 단지를 보여줬다. 우연히 발견된 토굴 새우젓이 광천 지역을 살리는

명물이 됐다고 심씨는 말한다. "일제강점기에 일본놈한테 뺏기지 않으려고 새우젓 독을 사금 캐던 토굴 안에 넣어두고 까마득히 잊고 지내다가 토끼가 토굴 안으로 들어가 토끼를 잡으러 간 이가 새우젓 독을 발견했다고 허드먼유." 토굴에서 숙성된 새우젓 맛을 본 사람들이 너도나도 토굴을 파기 시작해 지금의 광천 새우젓 시장이 됐다고 한다.

1960년 초부터 도구라고는 정 하나로 토굴을 팠는데 내부 온도가 15도라고 한다. 그런데 특이하게도 15도보다 조금만 높거나 낮아도 제대로 숙성되지 않는다는 것이다. 일일이 수작업으로 토굴을 팠기에 흙으로 만든 토굴이 많다. 흙이 무너져 시멘트로 보수하면 같은 토굴인데도 맛이 제각각이라면서 심씨는 흙 토굴에서 숙성한 새우젓이 맛이 좋다고 했다. 연구자들도 아직 밝혀내지 못해 자연만이 아는 비밀이 돼버렸다. 게다가 수입 새우를 숙성시키면 제맛이 나지 않아 오로지 국산 새우만 사용한단다.

60년대 전후 광천은 옹암포에 새우잡이 배가 들어오면서 새우젓 상권을 장악했고, 경제 중심지가 됐다. 여기에 사금이 나오는 광산이 있어 크고 작은 유곽과 객주, 담뱃가게, 주조장, 금방앗간이 생겼고, 당시 옹암포구에는 지나가는 개도 오백 원짜리를 물고 다녔다는 말이 전해진다. 실제로 1850년 설립된 보부상 조직인 육군 상무사(홍성, 결성, 보령, 청양, 대흥, 광천)는 광천에 근거지를 두고 활동하면서 생산자와 소비자를 이어주고, 지역 간 문화적·경제적 교류를 활성화하는 데 큰 영향을 미쳤다.

광천 새우젓은 1960년대 옹암리에 거주하던 사람이 자신의 광산 경험을 활용해 폐광에 새우젓을 보관하면서 유명해졌다. 마을 사람들은 방공호나 산에 판 토굴 안에 보관해 숙성시킨 새우젓을 보부상을 통해 전국 장터에 내다 팔았으며 아낙네들은 새우젓이 담긴 대야를 머리에 이고 다니는 '대야장사'로 집집이 새우젓 맛을 전했다고 한다.

우국지사와 예술인 들을 배출한 광천에는 청산리 전투에 빛나는 백야(白冶) 김좌진(金佐鎭) 장군과 만해(萬海) 한용운(韓龍雲) 선생 생가지와 기념관이 있다. 일제에 항거해 「독립선언문」을 작성하고 불교계 대표로 낭독한 만해는 일제의 침탈로 신음하는 우리 백성의 민족혼을 일깨웠으며, 시집 『님의 침묵』으로 침략자의 언론 탄압과 표현 자유 억압에 문학적으로 저항했다. 생가 주변에 민족 시비 공원이 조성돼 만해와 우리나라 대표 시인들의 시비를 산책길 곳곳에 세워놓아 숲길을 걸으며 감상할 수 있다. 특히 만해가 1919년 3·1 만세운동 후 체포되어 감옥에서 집필한 옥중 「독립선언서」의 첫머리 '자유는 만유의 생명이요, 평화는 인생의 행복이라'라는 문구가 새겨진 어록비도 생가 앞에 서 있다.

2019 김좌진 장군묘

공부보다는 말타기와 전쟁놀이를 좋아했으며, 청산리 전투에서 일본군을 대파한 김좌진 장군 생가지와 기념관, 백야공원이 조성돼 그의 변모를 살펴볼 수 있다. 사당 앞에 중국 북만주에서 공산당원의 흉탄을 맞아 운명하시면서 하신 말씀, "할 일이... 할 일이 너무도 많은 이때 내가 죽어야 한다니... 그게 한스러워서..."라는 목소리가 비석에서 들려 올 것만 같다. 독립군 전투 사상 최대의 전과를 올린 장군의 묘에 다다르면 무덤을 향해 엎드려 있는 소나무를 볼 수 있다. 그렇게 소나무마저 말없이 장군에게 예를 갖추고 있다.

홍성에서 열리는 장에는 토굴 새우젓과 광천김으로 유명한 홍성 광천장(4, 9일), 토굴 새우젓과 전통 재래김, 벨라몽, 새뱅이 지짐, 새조개가 나오는 홍성장(1, 6일), 김좌진 장군 생가지가 있고, 광천김, 광천 토굴 새우젓이 나오는 홍성 갈산장(3, 8일)이 있다.

2019 남해마늘

남해 이동장,
가천 다랭이 마을

"나도 장수마을에 산다 아이가. 우리 마을 뒷산에서 솟아나는 샘물이 영물인 기라. 내가 몇 살인 줄 아나, 우리 마을에선 나도 젊은층에 속한다." 설천면 덕신리에 산다는 85세 박씨 할매의 말에 동네 자랑이 숨어 있다. 남해는 이처럼 제주도에 이어 두 번째 장수마을이 있는 지역이다. 박씨 할매는 여든이 넘었어도 노인 축에 끼지도 못한다고 했다.

남해는 마늘 농사를 많이 짓기에 집을 지키는 강아지도 들에 나가 일해야 할 만큼 손이 필요하다는 정순화(61세) 씨는 마늘 농사 때문에 남해 사는 할매들은 허리가 휘고 똑바로 걷는 사람이 없다고 한다. 정씨는 "손이 엄청스레 많이 가는 기 마늘 농삽니다. 종자 까서 심으면 비닐로 덮어야 하고, 풀뽑아줘야 하고, 어느 정도 자라면 마늘쫑 뽑아줘야 큽니더. 자연이 키워준다고 허지만 사람 손이 많이 가는 작물입니더."라고 말한다. 여기서 끝이 아니라 마늘을 캐면 선별 작업을 해야 장에 나온다. 사람 손이 수십 번 오가야 품질 좋은 남해 마늘이 된다며 마늘 자랑에 열을 올렸다.

사면이 바다로 둘러싸여 해풍을 먹고 자란 남해 마늘은 약리 작용 하는 성분을 형성해 남해의 특산물로 유명하다. 2005년부터 시작한 마늘 축제는 남해의 대표 축제로 자리매김해 마늘의 놀라운 변신을 다양하게 체험할 수 있다고 한다. 마늘의 콜라보 요리도 마늘 축제에서만 맛볼 수 있단다.

2012 남해 이동장

3장. 자연 특산물과 만나는 오일장

2012 남해 이동장

2012 남해 이동장

바닷가 근처에 산다는 박씨(85세)는 장에 톳을 가지고 나왔다. 밭이 아니라 바다에서 캐온 것들만을 판다는 박씨는 톳을 보면 보릿고개가 생각난다며 보리쌀과 섞어 밥을 해 먹던 시절이 엊그제 같은데, 요즘은 톳이 건강식이고 다이어트에 좋다고 사 간다며 톳을 한 줌 넣어 손에 쥐여준다. 이렇듯 장터에서는 말만 잘해도 덤이 생기는 살아 있는 정을 느낄 수 있다. 보릿고개는 보리가 여물지도 않았는데 먹을 것이 떨어져 굶주릴 수밖에 없었던 4월~5월의 춘궁기(春窮期)를 말하는데 이때는 풀뿌리와 나무껍질 등으로 연명했고, 유랑민이 생기고, 굶어 죽는 사람도 있었다. 우리나라가 보릿고개를 벗어난 것은 1960년대 후반이다.

한쪽에서는 현국천(73세) 씨가 고구마순을 팔고 있었다. 현씨는 노인들만이 고향을 지키고 있어 장(場)도 농촌 생활에 맞춰 고무줄처럼 됐다며, 남해는 살기 좋을 뿐 아니라 아름다운 곳이라고 열을 올려 자랑했다. 서울에서 직장에 다니다가 고향에 내려와 농사지으며 장사한 지 10년째라는 현씨는 '남해 똥배기질'을 알아야 진정한 남해 사람이라며 어렸을 적 이야기를 들려 줬다.

섬사람들이 정기적으로 배를 타고 여수에 간 것은 해산물을 팔고 생활 필수품을 사려는 것이 아니라 여수 시내의 똥을 치우기 위해서였다는 것이다. 여수에 도착하면 섬사람 서넛이 무리를 지어 커다란 똥장군을 짊어지고 여수 시내 집집을 다니며 뒷간을 치운 똥을 싣고 돌아왔다는 것이다. 뱃길이 험해 도중에 풍랑이라도 만나면 애써 모은 똥이 바다 밑으로 가라앉기도 했다는데, 이렇게 똥을 모으러 다니던 배를 '남해 똥배'라고 불렀고, 똥을 한데 모아 삭혔다가 이듬해 보리와 마늘 농사 거름으로 썼다고 한다.

남해 가천 다랭이마을에서 가장 먼저 반기는 것은 암수바위다. 예부터 전해지는 속설에 따라 숫바위를 만지면 아들을 낳고, 암바위를 만지면 딸을 낳는다고 믿어 아이를 낳지 못하는 사람들이 이곳을 찾았다고 한다. 세월이 흐르면서 사람들은 이제 이 바위들을 바다와 마을을 지켜주는 미륵불로 여기지만, 여전히 풍요와 다산의 소원을 이뤄주는 능력을 갖췄다고 믿어 요즘도 아들을 낳고자 하는 여성들이 다녀간다고 한다. 이동장에서 만난 강씨(73세)도 이곳에 정화수를 떠 놓고 정성을 들인 뒤로 아들을 낳았다고 자랑했다.

가천 다랭이마을 안으로 들어가면 밥 무덤이 나온다. 이곳은 제삿밥을 묻어두는 곳으로 음력 10월 15일 밤에 마을 사람들이 풍작과 풍어를 기원하며 동제를 지내고 나서 제삿밥을 한지에 싸 밥 무덤에 묻는다. 동제 전에 마을 뒷산 깨끗한 곳에서 채취한 황토로 밥 무덤에 깔린 황토를 교체한 뒤에 정성껏 제사를 지낸다. 쌀이 생명이었던 때도 있었는데 지금은 사람들의 식습

2012 남해 이동장

관이 달라져 쌀이 남아도니 풍년도 반갑지 않다고 한다.

남해 금산은 조선왕조를 세운 태조 이성계와 얽힌 사연으로 그런 이름으로 부르게 됐다고 전해진다. 이성계는 기도를 올리면서 자신이 임금이 되면 이 산을 비단으로 둘러주겠다고 약속했는데 뜻대로 임금이 되자 '비단 금(錦)' 자를 써서 '금산'이라는 이름으로 산을 '둘러'줬다는 속설이 전해진다.

> 남해에서 열리는 장에는 수산물의 천국인 남해장(2, 7일), 밭마늘로 유명한 이동장(5, 10일), 가천 다랭이마을이 있는 남면장(4, 9일)이 있다.

1990 금산장

금산장,
인삼의 고장

　　사람의 얼굴은 하나의 풍경이요, 한 권의 책이라고 했던 발자크는 일찍
부터 표정에서 삶을 읽으며 많은 글을 썼다. 어떻게 살면 얼굴이 한 권의 책
이 될 수 있을까. 얼굴에 삶의 희로애락이 오롯이 담긴 양씨(82세) 할매를 금
산장에서 만났다. 바쁜 농촌 생활에 모처럼 나들이하러 나온 양씨 할매와 붕
어빵을 먹으며 이야기를 나눴던 때가 30년 전이다. 당시에 붕어빵은 시골 장
에서만 맛볼 수 있었다. 추운 겨울날 김이 모락모락 날 때 갈고리로 빵틀을
열어보며 빙빙 돌리던 김씨 아짐이 건네준 붕어빵을 야금야금 베어먹던 추
억이 아련하게 손아귀에 잡힐 듯 빠져나간다.

　　우리나라 인삼 생산량의 80%가 거래되는 금산장에는 온갖 약재가 산
처럼 쌓여 있어 다른 지역 장과는 사뭇 다르다. 수삼만을 파는 장옥(長屋)이
따로 있어 밭에서 캐온 인삼이 이곳에서 경매로 팔려 전국으로 퍼져 나간다.
그러나 장 입구에는 산에서 캐온 약초들을 즐비하게 펼쳐놓고 파는 지역민
들이 모여 난장을 이룬다. 제철에 나온 약초를 캐다 파는 지역민들은 사람 구
경삼아 장에 나온다고 하지만, 하나라도 더 팔려고 지나가는 사람에게 약초
설명하는 말을 들어보면 전문가 못지않다.

　　40년째 약초를 파는 안금자(75세) 씨는 말한다. "약초 얼굴만 봐도 어디
서 크고 자랐는지 알아유. 오래 만지다 보면 다 알게 되는구먼유. 장날이면

1991 금산장

2019 금산장

사람들이 약초 이름이 뭐냐, 어디에 좋으냐 물어봐서 약초 위에 이름을 적어 놨어유. 이름을 써놔도 물어봐유." 장날에 지역 주민들이 조금씩 캐서 가져와 난전에 펼쳐놓은 약초를 보면 마치 설치예술가가 전시한 작품 같다. 나뭇가지째 꺾어 온 노루귀를 세워놓는가 하면, 가을철 금산장은 그야말로 산과 들에서 가져온 오만가지 약초와 과실로 온 장터가 전시장이 된다. 노루귀를 가져온 박씨(73세)는 "봄에 노루귀꽃 보면 이뻐서 환장허유. 요샌 목 아픈데 다려 먹고, 술 담가 먹는다고 부탁허는 사람이 많아졌구만유."라고 했다.

인삼·수삼 시장은 장날 하루 전과 장날 당일 열 시에 경매로 시작되는 도매 시장이다. 40년째라는 강씨(68세)는 인삼은 생물이라서 속과 겉이 다르고, 종류가 많아 지금도 배운다고 했다. 추석 무렵부터 시월, 십일월까지 약효가 좋은 인삼이 나온다고 한다. 이순임(70세) 씨는 인삼 시장 터줏대감이다.

인삼을 보면 어느 지역에서 자랐는지 안다면서 사실 어느 삼이나 약효는 똑같다고 말한다. 잘생긴 사람이든, 못생긴 사람이든, 똑같이 사람이듯이 인삼도 마찬가지라는 것이다.

인삼 농사에는 땅이 너무 기름져도 좋지 않고, 밤낮의 기온 차가 커야 좋다고 한다. 처서가 지나면 수확하는데 각 지역 토양의 특징에 따라 인삼의 형태와 맛도 약간씩 달라진다고 한다. 인삼 경매를 오래하다 보면 인삼 생김새만 봐도 전라도에서 컸는지, 충청도에서 컸는지, 강원도에서 컸는지 알 수 있단다.

인삼은 1,500년 전 효성이 지극했던 강씨 성을 가진 선비가 인삼 씨앗을 밭에 뿌리면서 재배가 시작됐다고 한다. 뿌리 모양이 사람과 비슷해 '인삼(人蔘)'이라는 이름이 붙었다. 금산 진악산이 내려다보이는 가운데 최초로 인삼

1989 금산장

을 심기 시작했다는 개삼터(開蔘址) 유적지에는 강 선비가 토굴에 들어가 치성을 드리고, 산으로 향하는 등 인삼을 얻어 재배하는 과정을 재현해놓았다.

아이를 업고 인삼을 이고, 이 마을 저 마을 돌아다니며 장사를 배웠다는 이정순(84세) 할매는 지금까지 장사를 계속하는 것은 사람이 좋아서라고 한다. 약초 이름을 입에서 입으로 외우다 보니 치매에 걸릴 겨를도 없다며 통쾌하게 웃는다. 할매 몇 명만 모이면 온갖 세상 이야기가 다 나온다. 꽃무늬 몸뻬를 입고 얌전하게 앉아 있던 오정숙(79) 할매는 "보석사 절 가봤시유. 그 절 앞에 천년도 더 된 은행나무가 서 있어유. 옛날 어른들이 그러는데유, 나라에 큰일이 일어나기만 허믄 소리 내 울었대유. 안 믿어지지유. 그 낭구가 마을을 지켜준다고 지금도 제사도 지내주고 있어유."라고 말했다.

금산 남이면에 있는 보석사는 수령 1,100년이 넘는 은행나무가 법당을 지키고 있다. '보석사(寶石寺)'라는 이름도 창건 당시 앞산 중허리 암석에서 캐낸 금으로 불상을 만들어 그렇게 붙였다고 한다. 일주문 앞에 서 있는 은행나무는 마을에 큰일이 생길 것 같으면 소리를 내 미리 알려주는 신성한 나무다. 보석사 은행나무는 1945년 광복, 1950년 6·25전쟁, 1992년 극심한 가뭄이 찾아왔을 때 24시간 소리 내 울었다고 전해진다.

30년 전 금산장은 지금과 너무 달랐다. 조선 시대에나 볼 수 있을 법한 상투에 삿갓 쓴 어르신들이 장을 보았고, 산골에 사는 노부부가 사람 구경하려고 약초 몇 뿌리를 배낭에 짊어지고 나왔다. 온종일 장바닥에서 손바닥만 한 의자를 서로 양보하고 서로 배려하는 모습에 주변 장꾼들은 노부부가 나타나면 값을 후하게 쳐서 약초를 사주곤 했다. 그때 저장해둔 시간이 뚜벅뚜벅 걸어와 내게 말한다.

요즘은 AI 시대로 과학기술이 지평을 넓혀가지만, 농민이 가꾸는 땅이

祝願

금산 보석사

2019 금산장

2019 금산장

있는 한 1,500년 전이나 지금이나 사람과 사람이 만나 물건을 사고파는 장터는 변함없을 것이다. 장터는 사람들이 정보를 나누고, 정을 나누고, 서로 손을 마주 잡는 곳이다. 지금 우리 사회는 4.0시대를 향해 가고 있다. 30년 전에는 보자기에 물건을 바리바리 싸서 머리에 이거나 등에 지고 경운기를 타고 장에 나왔지만, 지금은 농민들도 자가용 자동차를 이용한다. 30년 뒤 장터는 어떻게 변해 있을까. 다가올 미래가 시골장터를 어떻게 만들어갈까 궁금해진다.

금산에서 열리는 장에는 매년 가을 '금산인삼축제'가 열리는 금산장(2, 7일)과 금산추부장(4, 9일)이 있다. 추부장에는 인삼과, 잎담배, 콩, 약초류, 누에고치가 나온다.

4장
개화기 인물을
만나는 오일장

2018 정읍장

정읍 샘고을 시장,
동학농민운동의 발생지 말목장터

"동상, 깨 농사 잘 지었는가." 미용실 터번을 뒤집어쓴 박씨 아짐이 방앗간에서 깨를 볶는 안씨 아짐에게 건네는 인사다. 다른 장터와 달리 정읍장에는 미용실과 방앗간이 많다. 그것도 둘이 나란히 붙어 있어 정읍 엄마들이 가장 많이 찾는 곳으로도 유명하다. 일손 바쁜 농촌 아낙네들을 배려한 장터 문화인 듯싶다. 늦여름 방앗간은 북새통을 이룬다. 깨를 볶아 참기름을 내리고, 산더미처럼 쌓여 있던 고추를 가져다가 빻아서 고춧가루를 만든다. 자식들한테 보내줄 참기름을 짜러 방앗간에 왔다는 최정순(84세) 할매는 만석보가 있는 이평에서 왔다.

내장산으로 유명한 정읍은 조선 시대에 선비의 고을로 널리 알려졌다. 1894년 고부군수 조병갑의 횡포에 녹두 장군 전봉준(全琫準)이 농민을 모아 수탈의 상징 만석보(萬石洑)를 허물며 시작된 동학농민운동의 무대가 됐던 곳이기도 하다.

정읍 샘고을 시장은 1914년 처음 문을 열었으니 백 년이 훌쩍 넘었다. 100년의 역사를 증언하듯 3대째 70년 전통을 이어온 화순옥 국밥집과 대장간, 가마솥 가게, 유기전은 지금도 여엿하게 장터를 지키고 있다.

정읍은 '우물 고을(井邑)'이라는 지명이 말하듯이 샘물로 유명해 정화수(井華水)를 한 모금을 물고 달에게 빌면 소원이 이뤄진다는 설화가 있다. 100

년 역사를 자랑하는 정읍장이 '정읍 샘고을 시장'으로 이름을 바꾼 것도 '샘
이 있는 고을'이라는 의미에서 비롯했다. 예전에는 장터로 들어오는 오거리
에 큰 샘이 있었는데 지나다니기 불편하다고 표지판 하나 남기지 않고 매립
해버렸다. 그래도 샘이 있던 자리에 움푹 들어간 흔적이 남아 있어 그나마 다
행이다. 지금이라도 샘물로 유명한 고장답게 그 자리에 표지판이라도 세워

샘고을 시장의 의미를 되새기게 하면 좋지 않을까 싶다.

    백제가요 「정읍사(井邑詞)」를 품은 정읍에는 남편을 기다리다 망부석이
돼버린 숭고한 사랑을 기리는 정읍사 공원이 있다. "달아 높이 높이 돋으시
어, 어기야차 멀리멀리 비치게 하시라. 어기야차 어강됴리, 아으 다롱디리..."
이렇게 시작하는 「정읍사」는 한글로 전하는 가장 오래된 노래로 행상을 나

가 오래도록 소식 없는 남편이 무사히 돌아오게 해달라고 달에게 기원하는 정읍 여인의 간절한 마음을 담았다.

방앗간 앞에서 30년째 미용실을 운영하는 박종옥(60세) 씨는 하루에 많게는 15명까지 파마를 해줬다고 한다. 우반이댁으로 불러달라는 김영순(73세) 아짐이 말한다. "방앗간에 고추도 맷기고, 참지름 짜는 동안 빠마헌께 좋제이. 시방 시골이 솔찬이 바뻐요. 뻘건 고추 따야제, 참깨 털어야제, 들깨도 털어야 허고 할 일이 태산이여. 비 오면 큰일인디, 찔끔찔끔 와싼게 맘이 급해진당께라."

시장에서 43년째 방앗간을 운영하는 조성오(72세) 아재가 말한다. "방앗간이 많다는 것은 농사짓는 사람이 많다는 것이제라. 근디 노인들이 하나둘 저쪽 세상으로 건너가니 방앗간도 갈수록 하나둘 없어진당께라. 해마다 한

두 군데씩은 문 닫는다고 허드만요." 방앗간 평상은 할매들 차지여서 농촌에서 일어나는 일을 귀동냥할 수 있다.

대소골에서 나온 노양자(79세) 할매는 추석 전후에 나오는 양애깐을 팔고 있다. 따뜻한 지역에서만 자생한다는 양애깐은 다른 지역에서 본 기억이 없다. 이곳 사람들이 추석 제사 지낼 때 상에 올리는 음식으로 빠지지 않는다고 한다. 양하라고도 하는 양애깐은 숲속 그늘에서만 자라는데, 죽순처럼 땅속에서 보라색 꽃대가 올라오면 채취한다. 살짝 데쳐서 나물로 무침을 하면 그 향이 독특해 산지 사람들이 즐겨 먹는 전통 향토 음식이다.

정읍 시장 자랑거리 중 하나는 유기전이다. 지방무형문화재인 서남규 씨가 장고와 사물놀이 악기를 제작해 팔아왔는데, 지금은 그의 아들 서인석 씨가 '전승 명가'라는 점포를 운영하며 뒤를 잇고 있다. 서인석 씨의 아들까지 가업을 이어 4대째 전통을 이어간다. 유기전은 50여 년간 한 장소에서 우리나라 고유 정서를 느낄 수 있는 여러 가지 용품을 제작하고 판매해왔다. 우리 가락의 맥을 이어 전통문화를 계승하는 장인의 집념이 오롯이 담겨 있어 살아 있는 박물관이라고 할 만하다.

서인석 씨는 내장산에 단풍잎이 물들 무렵이면 전국에 있는 정읍 출신 풍물패가 고향에 내려와 내장산 관광객들 앞에서 풍물놀이를 했던 것이 정읍 농악으로 발전한 계기가 됐다고 말한다. 그의 할아버지와 아버지는 농사일을 하면서 집에서 장구를 만들었는데 유기 종목을 여러 사람에게 보여주려고 장터에 자리를 잡았다고 한다.

앞에서도 살펴봤지만 이평에 있는 만석보는 동학농민운동의 시발점이다. 고부군수였던 조병갑은 만석보를 증축한다며 군민들에게 임금도 주지 않고, 물세를 거둬 착복했다. 무고한 사람에게 죄를 씌워 재산을 착취하고,

2018 정읍장

여기에 부친의 비각을 세운다며 금품 천 냥을 강제로 징수하는 등 온갖 폭정을 자행했다. 고부 농민들은 1894년 고부 이평의 말목 장터에서 봉기해 조병갑을 축출하고 세곡을 농민에게 나눠주며 만석보를 헐어버렸다. 지금 그 자리에는 둑의 흔적만이 남아 있고, 배들 평야를 가로지르는 방죽 위에 만석보 유지비가 세워져 농민들의 함성이 금세라도 들릴 것만 같다.

정읍에서 열리는 장에는 정읍 약주, 보리수염주, 옹동숙지황(甕東熟地黃)이 특산품인 정읍장(2, 7일)과 쌀, 고추, 양송이가 나오는 신태인장(3, 8일)이 있다.

1918 정읍 석조이불입상

2018 영덕장

영덕장,
블루로드 영덕대게의 고장

우리나라 동해의 허리에 해당하는 영덕은 해안을 끼고 있어 장날이면 동해에서 잡아 올린 싱싱한 해산물이 지천으로 깔리고, 시장 입구에서는 영덕 특산물인 영덕대게가 먼저 아는 체하며 반긴다. 괴시리 마을에서 왔다는 황옥자(79세) 할매 좌판에는 그야말로 소꿉놀이하듯 올망졸망 물건들이 보자기에 얌전히 앉아 있기도 하고, 가지런히 누워 있다. 봄부터 여름날 땡볕을 이겨낸 농산물은 온갖 색으로 치장한 채 황씨 할매를 따라 나왔다.

물과 바람과 햇빛을 받고 땅과 들과 산에서 자란 채소와 나물과 곡식이 장터 바닥에서 영덕만의 생활 문화를 선보인다. 황씨 할매가 말한다. "우리 마실이 유명한갑드라, 주말이면 외지 사람들이 옛날 집 구경한다고 온다 카이." 할매가 사는 괴시 마을은 조선 시대 유학자 목은(牧隱) 이색(李穡)의 탄생지로 전통적인 주거 형태를 오롯이 보존하고 있다.

괴시 마을 긴 흙담 길을 걷다 보면 종가 고택 주변 풍경이 느릿느릿 펼쳐지면서 수백 년 세월이 먼 곳에서 되돌아와 지금이라도 손에 책을 든 선비와 마주칠 것만 같다. 여기에 450년 된 왕버들 나무가 괴시 마을을 내려다보며 역사 속으로 사라지는 시간을 멈춰 세우고 사람들을 불러들인다.

최상희(85세) 할매는 노물 방파제 앞바다에서 물질하는 해녀. 물질해서 캐온 것들을 누구한테 차마 사라고 하지 못해 도매로 넘기다가 스스로 장

사한 지 10년째라고 한다. 파도가 크게 일지 않는 날이면 사시사철 물질한다는 최씨 할매는 평생을 물속만 들여다보며 살았단다. 직접 따고 잡은 물미역과 가자미, 청각과 뿔 고동을 펼쳐놓은 할매는 물질하는 모습을 보여주고 싶다며 주소를 알려줬다. 고기 부르는 물 휘파람 소리가 입 밖으로 나오자, 얌전히 있던 뿔고동이 꿈틀거린다.

　"키는 오 척 육 촌이었으며, 체격은 비대했고 얼굴은 크고 넓었다. 피부는 검은색이었고, 얼굴에는 마마 자국이 엷게 배어 있었다." 신돌석(申乭石) 장군의 외모를 짧게 묘사한 기록이다. 문무를 닦은 신돌석은 일본과의 을사늑약이 체결되고, 나라가 풍전등화의 위기에 처하자 1906년 의병을 일으켜 기울어가는 나라를 구하려고 19세 나이에 의병대장으로 활동했다. '태백산

2018 영덕장

호랑이'라는 별명에 걸맞게 신출귀몰 게릴라전을 펼쳐 일본 관리들의 간담
을 서늘케 했다고 전해진다.

신돌석 의병대는 2년 8개월간 경상도와 강원도 동해안 일대를 넘나들
며 일본인들의 근거지를 공략했고 일본군의 대규모 토벌 작전에도 끝내 잡
히지 않고 산악 지형을 이용해 과감하게 유격전을 펼쳤다. 또한 그는 이(利)
를 멀리하고 의(義)를 추구한 의지의 인물로 일본군의 탄압과 험한 세파를 이
겨냈다. 평민 출신 의병장으로 일본의 침탈에 분노해 기꺼이 나라를 위해 몸
을 던졌던 신돌석 장군 유적지에는 그가 27세 되던 해 월송정에 올라 지은 한
시가 새겨진 시비가 서 있다.

영덕은 경상북도에서 가장 따뜻한 지역으로 영덕대게를 비롯해 해산물

2018 영덕장

2013 영덕장

이 풍부하다. 영덕의 대표 특산물인 대게는 특이하게 성장하면서 열일곱 번 껍질을 벗는다고 한다. 마지막 껍질을 벗기 전에 잡힌 대게가 '홋게'인데 내피가 얇게 형성돼 날것으로 먹는 홋게를 '약게'라고도 하며 귀한 대접을 받는다고 한다. 하지만 영덕장에서 홋게를 먹어봤다는 장꾼은 만나지 못했다.

영덕게는 조선 초기에 지방 특산품으로 임금님 수라상에 올렸다고 한

2018 영덕 괴시마을

다. 그런데 대게를 먹는 임금의 자태가 흉측해서 한동안 수라상에 올리지 못하다가 대게 맛이 그리워진 임금이 다시 상에 올리라고 명령해 신하들이 한참을 헤매던 끝에 지금의 동해 영덕에서 어부가 잡은 게를 찾았다는 이야기가 전해진다. 그때 어부에게 대게 이름을 물었지만 대답하지 못해 '이상한 벌레'라는 뜻으로 '언기'라고 부르다가 대나무섬을 지나며 잡아 온 게의 다리가 대나무 마디처럼 곧고 길어서 결국 '대게'로 부르게 됐다고 한다. 외국인들도 무척 좋아하는 대게를 보면 지방 특산물이 가장 세계적일 수도 있다는 생각이 든다.

세상이 변해 옛날에 귀하게 쓰이던 것들이 지금은 쓸모없어져 어른들의 추억에만 남아 있곤 한다. 장터도 마찬가지다. 어른들은 삶의 현장이었던 장터의 귀중함을 알지만, 젊은이에게 장터는 관심 밖이다. 장터는 향토 문화의 뿌리며 농민의 복합 문화 공간이다. 익명의 사람들이 모여 관계를 맺는 공간이다. 보이는 것과 보이지 않는 것의 만남이고, 말하지 않는 것과 나누는 이야기다.

영덕에서 열리는 장에는 물가자미, 돌미역, 대게, 자연산 송이, 복숭아, 문어, 영덕사과, 포도 등이 나오는 영덕장(4, 9일), 대게, 물가자미, 밥식혜, 건어물, 물곰탕, 자연산 송이, 복숭아, 문어, 영덕사과 등이 나오는 영덕 강구장(3, 8일), 반짝장이 열리는 영덕 장사장(2, 7일), 대게, 물가자미, 문어, 시금치, 부추, 꽁치젓갈, 자연산 송이, 복숭아, 문어, 영덕사과 등이 나오는 영해 만세시장(5, 10일)이 있다.

1988 구례장

구례장,
지리산과 섬진강이 빚은 땅

"아따 너무 쫀쫀하게 묶어불믄 뒤로 안 돌아간당께랑." 도리깨를 만드는 옆에 이씨가 붙어 앉아 까다롭게 구는 것이 못마땅한지 할배는 "그렇게 잘 알믄 자네가 맹글제 뭣 담시 장에까지 나와서 나한테 맹글어달라고 헌가, 자네가 해뿔소!" 하고 한마디 한다. 둘이 티격태격하는 사이에 도리깨 하나가 완성됐다. 30년 전에는 이처럼 장터 마당에서 직접 도리깨도 만들고, 쟁기도 만들고, 체도 만들어 팔았다.

볍씨 파는 박씨 아짐은 보통 볍씨 한 말 사다 뿌리면 60말이 나오는데, 구례는 같은 양을 뿌려 140말이 나오는 기름진 땅이라며 우리나라에서 가장 살기 좋은 곳이라고 자랑했다. 구례는 '세 가지가 크고, 세 가지가 아름다운 땅'이다. 큰 세 가지는 지리산과 구례 젖줄인 섬진강, 그리고 산을 끼고 있는 널찍한 들판이다. 특히 지리산과 섬진강이 빚은 아름다운 자연경관만이 아니라 이곳 사람들의 순박하고 정겨운 마음씨도 아름다운 땅이라고 부르는 것을 보면 이 모두가 지리산의 영향이 아닐까 싶다.

2018년 유월 초, 구례장에 들어서자 장터 골목마다 탱글탱글한 매실 자루가 나란히 서서 인사했다. 매실은 이른 봄에 꽃을 피워 초여름이면 열매를 따기 시작한다. 매실 가격이 낮아 일손이 부족한 농가에서는 하나도 따지 못하고 방치해둔다고 한다. 매실 농사만 30년째라는 안호선(70세) 씨가 말한다.

1988 구례장

1993 구례장

"테레비에서 매실이 몸에 좋다고 하도 떠들어싼게 너도나도 매실 낭구를 심어쌌트만 가격이 폭삭했어라. 거기다 매실이 한창 익을라꼬 품 잡으면 장마가 시작헌게 미치고 환장해버리제."

구례장 가야식당은 개업한 지 백 년이 넘었다. 그동안 장터는 세 번이나 옮겼지만, 식당만은 그대로 유지하고 있다는 박봉애(66세) 씨는 집밥 정식이 2천 원 할 때 시작해 지금은 6천 원이라며 17년 세월이 음식값을 올려놓았다고 겸연쩍게 웃었다. 17년간 밥장사하면서 말다툼 한 번 해본 적 없다는 박씨는 음식을 맛있게 먹어주는 사람이 있는 한 계속할 거라며 반찬 그릇이 비면 계속해서 채워줘서 장터에서만 느낄 수 있는 정을 새삼 확인해줬다.

구례장에서 할매들의 사랑을 가장 많이 받는 사람은 대장간을 운영하는 박경종 씨다. 붕어빵을 사다 주는 할매들의 정에 빠져 아버지 뒤를 이어 대장간을 운영하고 있다. 우리는 신석기 시대 돌로 연장을 만들어 농사를 시작해 오늘날에 이른 민족이다. 광의면 방광에 사는 김씨 할매는 밭에 나갈 때 호미가 친구처럼 늘 따라다닌다며 무뎌진 호미 날을 벼리러 왔다고 했다.

구례 산동은 구름이 손에 잡힐 듯 우리나라에서 가장 높은 지대에 있는 마을로 하늘 아래 첫 동네로 손꼽혀 여름철에는 모기가 없을 정도로 시원하다. 산수유는 예부터 남자의 몸보신이나 아이의 야뇨증 치료에 좋은 한약재로 알려졌다. 산수유나무는 낮과 밤의 기온 차가 심한 해발 100~400미터 비탈진 산골짜기나 분지에서 잘 자란다. 봄에 가장 먼저 꽃망울을 터뜨리고, 처마 끝에 고드름이 달릴 무렵이면 산동면 전체가 온통 노란 산수유꽃으로 뒤덮인다. 시월에 잎이 지면 빨간 열매가 핏빛보다 더 짙어 하늘도 보이지 않을 만큼 주저리주저리 매달린다.

산동장에서 만난 장옥계 할매는 내 입에 산수유 열매를 몇 알 넣어주며

1988 구례장

2018 구례장

말했다. "나가 이 산수유 때문에 시집갔당께. 쬐깐해서부터 산수유 씨를 입으로 깠어. 몸에 좋은 산수유 씨를 입으로 발라내는 산동 처녀와 입 맞추고 살면 보약이 따로 없다며 순천에서 찾아왔당께. 말도 마소. 어릴 때부터 핵교만 파하믄 책보 던져놓고, 산수유 까는 게 일이었어. 봐봐. 기계 나오기 전에는 입으로 씨를 발라냈으니 내 앞니가 많이 닳아부렀제. 산수유 맛이 달달하고, 시고 떫제라. 그랑께 약이 되제." '산수유 몇 알 먹었더니 신선이 된 것 같다'는 내 너스레에 장씨 할매와 마주 보며 박장대소하는 사이, 움츠렸던 하늘이 우두둑 빗방울을 떨궜다. 난전에서 장사하는 이들은 비가 내리면 그때부터 온갖 비닐을 동원해 펼쳐놓은 물건을 덮는다고 한바탕 소동을 벌인다.

　지리산 남쪽 끝자락에 조선 시대에 지은 운조루(雲鳥樓)가 있다. '구름 속 새처럼 숨어 사는 집'이라는 뜻으로 호남 지방 대표적인 양반 가옥이다.

운조루에는 유럽에 앞서 노블레스 오블리주를 실천한 조선 시대 유씨 양반가가 있었다. 노블레스 오블리주는 유럽 귀족들에게 요구되던 높은 수준의 도덕적 의무다. 근대와 현대에서도 이런 도덕의식은 계층 간 대립을 완화하는 수단으로 여겨졌다. 특히 전쟁 같은 총체적 국난에 백성을 다스리려면 무엇보다 양반이 솔선수범하는 모습을 보이는 것이 백성에 대한 도덕적 책임이다.

운조루에는 여러 민란과 여순 사건, 6·25전쟁으로 굶어가는 백성을 사랑하는 양반의 두 가지 정신이 지금까지 이어지는데, 바로 '타인능해(他人能解)'와 '낮은 굴뚝'이다. 타인능해는 백성의 굶주림을 덜어주고자 곡식을 담은 뒤주를 놓아놓고, 가난한 이는 누구나 열어서 가져가게 했다는 일화다. 또한 다른 지역 고택들과 달리 운조루에는 높은 굴뚝이 보이지 않는다. 돌과 흙으로 빚은 낮은 굴뚝이 안채 중심부 마루 밑 등 집안 곳곳에 숨어 있어 일부러 찾지 않으면 보이지 않는다. 이는 밥 짓는 연기를 굶주린 백성에게 보이지 않으려는 마음에서 비롯한 특권층의 배려였다.

가을 전어보다 한 수 위라는 봄 참게는 봄이 오는 소리를 가장 먼저 낸다는 섬진강 1급수 맑은 물에서만 살기에 점점 잡기가 어려워 매우 귀한 식자재가 됐다. 참게는 바닷물과 민물이 만나는 곳에 서식하는데, 항암 효과가 뚜렷하고 비만이나 고혈압에 특히 좋다고 한다. 임금님 수라상에 올렸다는 '봄 참게 한 마리는 처녀 한 명과도 안 바꾼다'는 말이 나올 정도로 섬진강에서 잡은 참게는 향이 강하다고 한다.

장터에서 만난 박씨(68세)는 어렸을 적 8남매나 되는 자식에게 먹이려고 참게 세 마리를 잡아 들통 가득 들깨를 갈아 넣고 참게 가리장을 해주던 엄마 생각이 날 때마다 형제들이 모여 참게를 먹는다고 한다. 음식이 엄마가 되어 형제를 만나게 해주는 시대에 살고 있다.

2018 구례 운조루

구례에서 열리는 장에는 각종 산나물과 한약재가 거래되는 구례장(3, 8일), 산동 사람 80~90%가 산수유를 재배해 파는 구례 산동장(2, 7일)이 있다.

5장
옛 성현과
함께하는 오일장

2012 광양장

광양장,
가장 먼저 봄을 알리는 매실의 고장

비 오는 날이면 장터가 부산해진다. 우산을 펴고, 비닐을 치고, 빗물이 고이면 의자에 올라가 한쪽 길로 쏟아버리는 등 비를 피하며 부산하게 움직이는 할매들의 동작이 일사불란하다. 고인 빗물이 장바닥을 빠져나갈 즈음이면 하늘에서도 빼꼼히 파란 조각을 내보인다. 시간을 조각내서 보자기에 주워 담는 할매처럼 비 오는 날은 구름이 반, 시간이 반이라는 하루가 뉘엿뉘엿 저물고 스산한 바람도 할매 손등에 잠시 멈춰 선다.

밭에서 따왔다며 둥근 박 하나를 봉지에 넣어주던 강씨(73세)는 "광양 사람들이 얼마나 야무진 줄 아요. 광양에서 죽은 송장 하나가 순천에 산 사람 셋과 맞먹는다는 얘기가 있당게. 글고 광양 가시내가 순천 남정네한테 시집가면 잘사는디, 순천 여자가 광양 남자한테 시집오면 게을러서 못산다고 헌당게. 그만큼 광양 여자들 생활력이 강한 것이제. 여그 할매들 보소, 얼매나 통이 크고 부지런하면 밭떼기를 통째로 델고 와불것소, 이랑께 우리 광양 여자들이 최고여 최고, 광양 여자들 자랑 좀 해줏씨요 잉." 강씨가 한마디 할 때마다 옆에서 훈수를 넣는 할매들 웃음소리가 퍼지자 크게 틀어놓은 유행가가 주춤거린다.

광양 매화꽃이 만발할 때면 임권택 감독의 영화 「천년학」에서 봤던 매화 꽃비가 보고 싶어진다. 홍타령 소리와 함께 온 산야를 하얗게 지워가는 자

2012

연의 숨소리가 너무도 아름다웠다. 매화꽃을 피워 가장 먼저 봄을 알리는 광양은 따스한 햇볕이 있어 사람 살기 좋은 풍요로운 땅이다. 매년 경칩이 되면 백운산에서 인근 주민이 모여 고로쇠 약수를 받아놓고 하루를 즐기는 약수제가 열리기도 한다.

전라도와 경상도를 흐르는 섬진강이 동서 화합의 길을 열어놓는다. '섬진강'이라는 이름은 두꺼비 전설에서 비롯했다고 한다. 임진왜란 때 섬진마을 강변에 모인 두꺼비들이 우리 군사들에게 다리를 놓아줘서 건너게 한 다음 왜군은 강에 빠져 죽게 했다는 전설이 말해주듯이 강에 두꺼비 '섬(蟾)' 자를 붙여 섬진강이 됐다는 것이다.

몇 해 전에 찾아간 광양장은 전국에서 몰려든 장꾼들이 옛 광양역을 중

심으로 빙 둘러 올망졸망 자리잡아 북새통을 이뤘다. 임시 천막 상점 외에
는 누구나 난장을 열 수 있었기에 전국 장돌뱅이들이 모두 광양장으로 모여
들었던 것이다. 높은 곳에 올라가 장터를 내려다보면 집어등을 향해 몰려드
는 오징어 떼처럼 광양역사 주변이 사람과 물건으로 인산인해였다. 그런데
박씨 할매는 왕래가 뜸한 곳에 배추와 무를 펼쳐놓고 한가하게 앉아 있었다.
"내가 역마살(驛馬煞)이 끼어 갖고 이래 돌아댕겨야 직성이 풀린당께라. 요
주변 장을 다 가본당께. 옥곡장에 가면 내 자리가 있어 좋은디, 여그는 장지
슨다고 죄다 이짝으로 옮겨와서 내 자리가 없어분졌어." 행인이 전혀 없는
곳에서 시간을 낚고 있는 듯 무심히 앉아 있는 할매가 내 고향 외동 할매 같
아 한참 자리를 뜨지 못하고 땅바닥에 마주 앉아 이야기를 나눴다.

2015 광양장

대장간 맞은편 노점에서 무쇠 가마솥을 파는 양씨(62세)를 만났다. 어머니가 50년 하던 장사를 5년째 대신한다는 양씨는 무쇠 가마솥이 장에 나오기까지 과정을 설명해줬다. 천일염을 아홉 번 구워 만든 죽염처럼 무쇠 가마솥도 기름을 열두 번 발라 불을 때서 말리는 과정을 거쳐야 한단다. 공들이는 사람 손길이 닿아야 귀한 물건이 된다는 것이다.

양씨는 "우리 어머니 세대에는 물건 하나 꼴아도 파는 사람 마음을 믿고 사 갔는데, 지금은 시대가 좋아졌는데도 장터에서 폰다고 의심하고, 비싸다고 투덜댄단 말입니다. 내가 시대에 안 맞는 요놈들을 갖고 나온 게 죄지라. 제대로 된 무쇠 가마솥인디 비싸다고 다 도망가뿌요."라고 푸념했다. 가격만 말하면 구경하던 손님이 죄다 도망가버린다는 양씨에게는 그래도 진짜배기 가마솥을 판다는 자부심이 있었다.

　　광양에는 큰 절이 없어서 고로쇠로 유명한 백운산이 잘 알려지지 않은 것이 안타깝다. 장터에서 이야기를 나누다 보면 광양 자랑거리는 매실과 백운산과 신라말 승려이자 풍수설의 대가였던 도선국사(道詵國師), 매천(梅泉) 황현(黃玹), 그리고 장터 맞은편 유당공원에 있는 수령 4백 년을 훌쩍 넘긴 이팝나무다. 황현은 1864년부터 1910년까지 47년간 다양한 시대상을 『매천야록(梅泉野錄)』에 기록한 시인이자 문장가다.

　　황현은 1910년 망국의 비보를 접하고 자신이 할 수 있는 일이 아무것도 없음에 망연자실해서 식음을 전폐하고, 통곡으로 날을 보내다가 절명시(絶命詩)를 남기고 스스로 목숨을 끊었다. 그의 절명시에는 나라를 잃은 슬픔과 고통, 절망과 수치, 감출 수 없는 우국충정이 그대로 드러나 있다. 황현은 성리학만을 고집하지 않고 모든 학문에 개방적인 태도를 보여 정치·사회·경제·

2019 옥룡사지 토굴

문화 등 각 분야 자료를 편견 없이 탐독하면서 세상을 주의 깊게 살폈다.

광양 옥룡사지(玉龍寺址)는 풍수지리설을 처음으로 도입한 도선국사가 35년간 머물다가 입적한 유서 깊은 곳이다. 통일신라 때 창건했다는 옥룡사 주변에는 도선국사가 땅의 기운을 보강하려고 심었다는 동백나무 7천여 그루가 동백 숲을 울창하게 이루고 있다. 옥룡사지로 들어가는 나무 데크 길은 '도선국사 산책길'로 유명해서 삼월이면 동백꽃 지는 모습을 보려고 전국에서 많은 이가 찾아온다. 옥룡사지에는 도선국사가 참선했다는 토굴과 샘물이 지금도 옛 모습 그대로 복원돼 있다. 땅과 물, 바람으로 미래를 연 도선국사의 발자취를 광양에서 만난다.

광양에서 열리는 장에는 고로쇠 된장·간장, 고로쇠 약수, 곶감, 매실, 밤, 작설차, 은장도가 나오는 광양장(1, 6일), 밤, 호두, 대추, 도토리, 은행이 생산되고 단감나무가 많은 옥곡장(4, 9일), 밤과 표고버섯, 봄에 채취한 백운산 고로쇠 약수가 유명하고 백제 시대 산성인 불암산성(전라남도 기념물 제177호)이 가까운 진산장(3, 8일)이 있다.

1989 영주장

영주장,
소백산 자락에 깃든 선비의 고장

여름이 끝나갈 무렵, 영주장을 찾아갔을 때 보슬보슬 비가 내렸다. 비닐로 덮어놓은 박씨 할매 유모차 위로 보슬비가 내려와 아는 체하더니, 금세 방울져 흐른다. 장터 바닥에는 온갖 색(色)이 자기 본연의 모습을 뽐내며 펼쳐져 있다. 긴 소리를 동그랗게 모아 누워 있는 토란대, 한 잎 한 잎 포개놓은 깻잎 더미, 초록이 흘러내리는 소리가 들리는 참나물, 황토가 묻은 채 향내를 뿜어내는 생강, 연초록을 안으로 모아놓은 호박, 보라를 입은 가지가 나란히 누워 자태를 뽐낸다. 여기에 애벌레처럼 누런 겉옷을 걸친 땅콩, 아직 설익어 연둣빛 풋풋한 향기를 풍기는 대추, 가시 껍질을 벌리고 나온 통통하게 여문 밤, 보라색 꽃을 물고 나온 도라지 등 아예 들판 한쪽, 산 한쪽이 이사 온 듯 자연의 속살을 생생히 보여준다.

오이 세 개와 쪽파 한 단, 고구마 줄기 두 단과 수세미 세 개, 박 반쪽을 갖고 나온 박씨(83세) 할매는 밤 한 포대도 가져왔다. 됫박 위로 밤이 수북이 올라가고, 옆에 밤톨 두 개가 놓여 있다. 까슬까슬한 밤톨 속에서 살포시 얼굴을 내민 밤이 수줍은 듯 숨어 있다. 박씨가 통통한 밤 두 알을 쥐여주며 말한다. "우리 뒷산에서 딴 기다. 야문 기 억수로 맛있데이. 뭐든 제철에 먹어야 제맛이 난다 안 카나. 함 묵어봐라." 밤 한 톨을 입에 넣어 툭 하고 깨물자 하얀 속살이 나온다. 씹히는 맛이 시원한 가을바람 같다.

　예부터 시장은 교통의 중심지에 들어섰다. 영주는 기차역을 중심으로 주변에 시장이 형성됐는데 1930년대 이곳 선비골에 전통 시장이 번성했다고 한다. 영주는 전통 시장과 골목 시장, 문화의 거리가 조성된 시내를 묶어 '영주 365시장'이라는 브랜드를 만들고 영주를 대표하는 전통 시장으로 소개했다. 365는 영주가 북위 36.5도에 있고, 1년 365일이라는 숫자와도 일치해 그런 이름을 붙인 듯하다.

　"영주 사람이 앉았던 자리에는 풀도 나지 않는다."라는 말이 있듯이 이곳 사람들은 매사에 철저하다. 삼국 시대에 영주가 고구려 땅이었기에 신라와 싸울 때 끝까지 버티며 지켜냈다.

　영주는 동해안의 해산물과 내륙의 목재 등 모든 물건이 거쳐 가는 교통의 중심인 기차역이 생겨 전형적인 소비 도시가 됐다. 그 덕분에 상인과 외지

인의 왕래가 잦아지고, 먹거리가 좋아 젊은 세대가 자연스럽게 365시장을 찾는다고 한다.

특히 바람이 많고, 돌이 많고, 여자가 많아 육지의 제주도라 불리는 영주 풍기는 인삼, 사과, 인견의 명산지다. 풍기는 황씨 성 주민이 많아 황씨를 바람, 돌과 함께 '풍기 삼다(三多)'로 꼽을 정도라고 한다. 풍기장에서 인삼을 파는 황씨(73세)는 "풍기 인삼은 산삼과 약효가 같데이. 옛날에 나라님도 풍기 인삼만 먹었다 카드라. 인삼이 사람 발소리를 듣고 자란다 카이."라고 말한다. 인삼은 부지런해야 키우는 작물로 밤낮의 기온 차가 커야 깊은 맛도 나고, 처서(處暑)가 지나면 겨울을 나려고 약이 잔뜩 올라 몸에 더 좋다고 한다.

장안을 휘이휘이 돌아다니다 보면 사물에서 흘러내리는 초록이 손짓해댄다. 점심때가 돼 봉현에 사는 김씨(73세)를 영주장의 유명한 순대 골목 곰

2018 영주 선비촌

탕집에서 만났다. 영주장의 명물은 순대 골목이다. 순대는 우리가 오랫동안 먹어온 먹거리로 조선 시대 요리에도 끼어 있다. 바다 가까운 지역에서 오징어마저 순대로 만드는 것을 보면 오래된 지혜가 돋보인다.

국밥집에서 만난 어르신들과 대화하다 보면 선비촌에 대한 자부심이 대단하다는 것을 금세 알게 된다. 영주는 조선 시대 풍기와 순흥을 포함한 지역으로 소백산 줄기를 따라 소담하게 자리해 선비의 기품을 느끼게 한다. 간결미가 일품인 부석사(浮石寺), 우리나라 최초로 왕에게 권위를 인정받은 소수서원(紹修書院), 선비들이 실제로 살았던 생활 공간을 그대로 재현해 선비 정신을 체험하게 한 선비촌이 있다. 또한 집성촌이 섬처럼 보이는 무섬 마을은 그 한적한 풍경이 방문객의 시선을 사로잡는다.

선비촌에 들어가면 옛 선비를 닮은 소나무가 서 있고, 머리에 갓을 쓰고 한 손에 책을 든 선비 상이 마치 도포 자락에 숨겨놓은 지혜를 전해주려는 듯 방문객을 반긴다. 초가집으로 이어진 저잣거리에는 전통 공방이 있어 옛사람들이 만들어 일상생활에서 쓰던 것들을 직접 사용해볼 수 있다. 선비촌이 있는 순흥 마을은 어디를 가나 글 읽는 소리가 들리고, 장대비가 와도 비를 맞지 않고, 참나무 숯불에 쌀밥을 해 먹는 동네였다고 한다. 종택이나 가옥 안뜰에 서 있는 굴뚝, 장독대와 우물이 선비와 서민의 생활상이 확연히 달랐음을 보여준다.

선비촌 옆에는 소수서원과 박물관이 있다. 소수서원은 우리나라 최초로 세워진 조선 시대 사립학교다. 퇴계(退溪) 이황(李滉)이 임금에게 청해 '소수'라는 사액을 받은 곳이다. '무너진 유학을 다시 이어 닦게 한다'는 목적으로 세워져 주세붕(周世鵬)이 예절과 질서를 중시하며 유학을 가르치던 곳이다. 선비들이 학문에만 열중할 수 있도록 기숙사와 공부방을 따로 만들어

2018 영주장

353년간 무려 4천 명의 선비를 배출함으로써 우리나라 성리학 발달에 큰 역할을 한 곳이다. 조상의 덕을 생각하며 근본을 잊지 않고, 자연을 벗 삼아 풍류를 즐겼던 옛 선비들의 정신과 자취를 더듬어보는 시간을 보낼 수 있다.

1,300년 역사를 간직한 부석사는 신라 시대 화엄종 개조인 의상(義湘)대사가 창건한 절로 왕의 명을 받들어 지었다고 전해진다. 사과 과수원을 양옆으로 끼고 조금 올라가면 늘씬한 당간 지주가 반긴다. 한 계단 한 계단, 의상대사와 선묘의 사랑 이야기를 더듬어 올라가다 보면 안양루(安養樓)가 보이고, 고려 시대에 지은 목조건물 무량수전(無量壽殿)도 모습을 드러낸다. 정면에 걸린 편액의 글씨는 고려 공민왕이 손수 쓴 것이다.

베트남에서 온 유앤티단 씨는 영주장과 풍기장에 다닌다. 우리나라에 정착한 지 16년째라는 그녀는 한국에 시집와서 살게 돼 행복하고 한국 생활이 즐겁다고 한다. 매일 일하는 것이 습관이 돼 잠시도 쉬지 않는다며 장사가 재미있다고 한다. 처음에는 말이 안 통해 손해를 많이 봤는데, 이제는 말문이 트여 제값 받고 팔 수 있어 좋고, 장사하는 재미에 푹 빠져 장날만 기다린다며 수줍게 미소 지었다.

영주에서 열리는 장에는 자황, 목단, 백작약, 시호 등 약초와 사과, 인삼, 한우, 인경으로 유명한 영주장(5, 10일), 산삼에 비할 만큼 질 좋은 풍기 인삼과 사과로 유명한 풍기장(3, 8일), 밤, 호두, 잣, 대추, 은행, 약초, 산수유가 나오는 부석장(1, 6일)이 있다.

2019 송정리장

송정리 오일장,
정(情) 한 보따리가 이야기꽃으로

"눈 오는 날은 미끄러운게 새끼줄로 발에다 감고, 사카린하고 소다를 이고 댕김서 팔았제. 삼십 리 길을 하도 걸어 다녀서 시방도 다리가 시원찮애. 꽃 각시 때부터 장사헌다고 모다 사주고 그랬제. 내 손잔 봇시오, 돈독이 올라서 손가락이 망가졌다고 사람들이 그랬싸. 이날 평생 돈 몬 지고 산께 돈독도 오르제라." 지금은 어엿한 가게를 내서 66년째 장사하고 있는 유부자(88세) 할매가 뒤틀린 손가락을 보여주며 내게 한 말이다. 일본 오사카에서 태어나 해방되자 한국으로 들어왔다는 유씨 할매는 있는 물건만 팔고 접어야지 하는데 찾아오는 단골들 때문에 지금도 장사를 계속하고 있다.

송정리장은 1920년대까지만 해도 광주에서 가장 큰 장이었다. 아직도 나주와 함평, 영광과 목포에서 올라온 먹거리와 볼거리가 사람들 발걸음을 붙잡는다. 여기에 송정리역과 광산구청 앞쪽으로 떡갈빗집이 즐비하게 간판을 내걸어 지역 경제를 살린다. 송정리장은 백 년이 훌쩍 넘은 송정리역과 연결돼 점점 커지고 있다. 시장은 사람이 있어야 활성화되고, 사람이 있으면 새로운 것이 생겨난다.

요즘 장터는 젊은층과 상생하는 변화를 시도하고 있다. 송정리장도 몇 해 전까지 없었던 '송정 보부상 마켓'을 열어 젊은이들이 장사하고 있었다. 남도 청년 보부상 점장 유동녘(33세) 씨는 과거와 현대가 공존하려면 옛 상인

1990 송정리장

들과 청년 상인들의 협업이 가장 큰 과제라고 한다.

남도 청년 보부상은 문화 콘텐츠를 만들어 함평장, 창평장, 송정리장, 화순장, 나주장에서 보부상 공연도 하고, 직접 만든 수공예품과 지역 생산품을 팔기도 한다. 몇 해 전에 경북 문경 아자개장에서도 젊은이들이 예전 보부상 복장에 패랭이를 쓰고, 보부상 패까지 만들어 걸고, 신토불이 농산물을 판매했다. '문경새재 신보부상'은 귀농한 사람들이 결성한 보부상 단체로 전통문화 계승이 목적이라고 했다.

30년 전에 찍은 송정리장 사진과 최근 것을 비교해보면 장마당은 그대로인데 사람과 건물이 달라져 옛 모습을 찾아볼 수 없다. 논에서 일하다가 막걸리 한 사발 들이켜는 맛으로 장에 나온다던 박씨 노인과 그의 친구라는 지팡이도 보인다. 장날이면 검정 고무신을 신고, 밀짚모자를 쓰는 박씨는 옆 동네 친구를 만나려고 어김없이 나왔다. 당시 박씨 노인과 마주치면 "장날은 촌놈 생일이어라!"하고 빙그레 웃으며 국밥집으로 들어갔다. 당시만 해도 농촌에서 가장 쉽게 외출할 만한 곳은 장터뿐이었다. 요즘 장터는 60년 넘게 한자리를 지키는 상인 손에도 휴대전화가 들려 있어 시간이 문명을 바꾸는 재주꾼임을 실감하게 한다.

쌈지에서 잎담배를 꺼내 곰방대에 넣고 맛나게 담배를 피우던 할매도 보이지 않는다. 시간을 뒤로 돌려 사진 속, 장터 사람을 불러내 만나고 싶다. 후미진 곳을 찾아 담배 한 모금 빨던 할매 모습은 내가 만들어낸 시간이 아니라 기억에 저장해둔 시간의 기록이다.

광주 용진산 마애여래좌상도 장터에서 만난 사람처럼 서민적이다. 눈을 감고 인상을 쓴 투박한 표정이 민초를 닮았다. 청룡사 가는 길 왼쪽 암벽에 새겨진 이 불상을 찾아가는 길에 표지판이 없어 어려움을 겪었지만, 막상

송정리 용진마애여래좌상

1990 송정리장

불상 앞에 서니 흔히 보던 불상과 달라 낯선 느낌이 좋았다. 우리 문화유산은 대부분 불교문화에서 비롯됐다. 전국 어디를 가나 절이 있고, 절에는 오래된 문화가 보존돼 있다.

송정리장에서 그다지 멀지 않는 곳에 퇴계 이황과 고봉(高峯) 기대승(奇大升)이 8년간 편지로 '인간의 이성을 어떻게 볼 것인가'라는 주제로 논쟁을 벌였던 월봉서원(月峯書院)이 있다. 퇴계보다 무려 스물여섯 살이나 어린 젊은 학자였던 기대승은 당시 성리학의 대가 이황에게 당돌한 편지를 쓰며 예에 어긋나지 않으려고 무척 고심했을 것이다. 8년간 이어진 이들 논쟁은 조선 성리학을 이끄는 초석이 돼 인간의 바른길을 구하는 학문의 토대가 됐다.

인간의 본성에서 나오는 네 가지 마음(四端)과 인간의 일곱 가지 감정(七情)을 두고 벌인 이황과 기대승의 논쟁은 조선 최고 지성의 사건이자 동아시

아 유교 사상사에서 가장 위대한 철학 논쟁으로 꼽힌다.

　　요즘 월봉서원에서는 조선 시대의 선비들이 모여 아름다운 자연을 벗 삼아 다양한 학문, 문화, 예술을 현대적으로 재해석한 공연이 펼쳐지고, 시민이 자유롭게 토론하는 교류의 장이 열리고 있다. 월봉서원은 3백여 년의 역사를 이어온 장소로 한국적 살롱 문화의 산실이었음을 여실히 보여준다.

떡갈비로 유명한 송정리장은 매달 3일과 8일이 들어간 날에 열린다.

2019 송정리 활봉서원

6장
역사 이야기와
함께하는 오일장

2019 울산 언양장

울산 언양장,
우리나라 근대화의 진열장

"비가 와도 걱정, 안 와도 걱정 아이가. 꼭 우산 장수 아들과 소금 장수 아들을 둔 심정인 기라. 꾸무리한 날씨에 거십거리 갖고 왔구만 고단새 못 참고 비가 온기라. 사진은 와 찍어쌌노, 남사시럽게." 상북에서 온 김차수(89세) 할매는 50년째 난전에서 장사하는데, 비가 오락가락하는 날씨에 우산 밑에 들어가 푸성귀를 펼쳐놓았다. 집에 있으면 아프고 장에 나오면 아프지 않다는 할매는 "무다이 장이 좋아 꼬무리해도 한 바리 싸 들고 나와야 세상 사는 것 같다."라며 호탕하게 웃지만, 얼굴에서는 고단함이 묻어난다.

태화강이 흐르는 울산은 뽕밭이 바다가 되듯이 한적한 시골이 하루아침에 공업 도시가 돼 대한민국 근대화의 모델로 꼽힌다. 산업혁명을 이은 근대화는 부와 도시를 만들어 사람들을 끌어모았다. 그러나 울산 토박이 오세필(68세) 씨는 "지역이 발전하려면 사람들이 번 돈을 울산에서 써야 하는데 경영자와 고급 인력이 객지 사람들이어서 울산의 소득이 대부분 타지역으로 빠져나간다."라며 불만을 토로했다.

땅은 사람과 함께해야 이름이 생기고, 정체성이 보존된다. 방어가 많이 잡히던 방어진, 고래잡이 근거지였던 장생포는 오늘날 방어동, 장생포동이 된 울산 땅이다. 하지만 공업항 한 귀퉁이로 밀려난 고래잡이 어부나 울산 토박이들은 도시 공업화로 자연과 인간성을 잃었기에 사람 사는 정(情)을 장터

2019 울산 언양장

2012 울산 언양장

2019 울산 언양장

에서 되찾으려고 한다.

언양장에서 60년째 장터 대장간을 운영하는 박병오(80세) 씨는 농부가 손에 들고 있는 연장만 봐도 그 사람 성격을 알 수 있다며 허허 웃는다. 마침 쇠스랑을 고치러 온 권숙현(72세) 씨에게 쇠스랑이 암에 걸렸으니 더는 사용하지 않는 게 좋다며 새것으로 장만하라고 하자, 권씨가 받아친다. "암 덩어리를 불에 확 녹여뿔면 되겠네예. 이거 고쳐서 도라지 캐야 합니더." 장터에서는 사람도, 연장도, 장에 나온 물건도 식구처럼 걱정해준다.

콩나물 할매로 유명한 이순남(84세) 할매는 이십 리 길을 걸어왔다. 옛사람처럼 쌈지가 지갑이다. 다른 소지품도 바지춤에 숨겨놓은 쌈지에 들어 있다. 할매들 놀이터로 유명한 김위조(79세) 할매의 점포에서는 곡물과 약초 시세가 훤히 알려져 흥정도 자주 이뤄진다.

2012 울산 언양장

울산에는 남편을 기다리다 망부석이 된 치술령(鵄述嶺) 설화가 전해진다. 신라 눌지왕 때 충신 박제상(朴堤上)이 고구려에서 돌아와 일본으로 떠났다는 소식을 들은 부인은 딸을 데리고 치술령에 올라가 일본을 바라보며 통곡하다가 남편이 죽었다는 소식을 듣자 그 자리에서 숨졌다고 한다. 그때 몸은 망부석이 되고, 그녀의 넋이 치술조로 변해 남편인 박제상의 넋을 맞아 신라로 돌아왔다는 것이다. 동해가 내려다보이는 치술령에는 박제상의 부인과 딸의 조각상이 바다를 향해 서 있다. 그리고 그 옆에는 김영달이 작사한 망부석 여인의 노래비도 서 있다.

> 치술령 망부석에 아침에 떠오르면
> 밤새워 애태우던 여인의 기다림이
> 동해바다 저 멀리서 아련히 피어오네
> 굽이치는 저 물결이 우리 님 언제 오나
> 산새야 훨훨 날아 소식 좀 전해주렴
> 그리운 내님이여 언제쯤 오시려나
> 망부석 여인은 오늘도 기다린다네.

남편이 돌아오기만을 기다리는 여인의 한이 서려 있는 가사다. 바다와 산새와 태양에 사랑하는 임의 안부를 묻는 여인의 그리움은 굽이치는 물결을 따라 도도하게 흘러간다.

특히 울산은 우리나라 미술사의 시원(始原)이 되는 반구대 암각화를 비롯해 태화강, 대곡천 천전리 각석은 역사, 문화, 생태의 보물창고다. 울산 시민과 예술가들은 반구대 암각화를 유네스코 세계문화유산으로 등재하려고 다양한 포럼과 전시회를 열어 꾸준히 홍보하고 있다.

1억 5천만 년 전 지구를 주름잡았던 공룡의 발자국 2백여 개가 찍혀 있고, 비스듬히 기울어진 바위 표면에 세계 최고의 바위 조각 그림으로 마름모나 동심원 같은 기하학적인 무늬와 사슴과 용 같은 동물, 물고기 등이 그려져 있는데, 어느 시대 누가 그렸는지 추정하지 못하고 있다.

가지산과 산불산을 중심으로 산 일곱 개가 모여 산세가 수려하고 풍광이 좋아 영남의 알프스로 불리는 언양은 지역 특성을 살려 시장 이름을 '언양 알프스 시장'으로 바꿨다. 이 시장은 백 년 전통을 자랑하는 유서 깊은 장으로, 60년 전 미나리꽝을 매립하고 기둥에 양철 지붕을 얹은 장옥으로 시작했다. 미나리꽝을 메울 때 남자들은 돌과 자갈을 지게에 지고 날랐고, 여자들은 머리에 이고 날랐다고 한다. 심지어 아이들까지 동원돼 돌을 날라 장터를 만들었는데, 지금 그 자리는 아파트가 들어서 과거의 흔적을 찾을 수 없다. 우리는 옛것의 소중함을 잊고 단지 불편하다는 이유로 살아 있는 역사를 너무도 쉽게 지워버린다. 아무리 세월이 흐르고 시대가 바뀌어도 변하지 말아야 할 것은 사람들이 함께할 때 느끼는 훈훈하고 끈끈한 정이다.

울산에서 열리는 장에는 울산 알프스 시장(2, 7일)을 비롯해 울산 호계장(1, 6일), 울산 정자장과 울산 덕하장(2, 7일), 울산 남창장(3, 8일), 울산 덕신장(5, 10일)이 있다.

2019 울산 대곡천

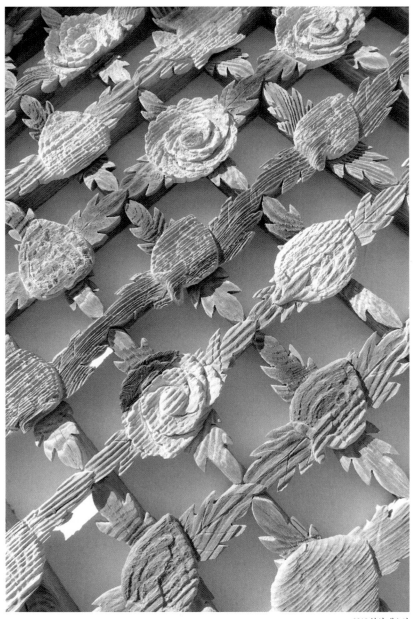

2019 부안 내소사

부안장,
산과 바다와 땅의 특별한 조화

"오메오메 성님, 통 안 보이길래 죽어분 줄 알았소. 시한 내내 기운이 없어 내가 꼼짝을 못 혔네. 대목장이라서 운동 삼아 나와밨는디, 그래도 이리 살아 있응께 이라고 만나요. 담 장에도 또 나오씨요. 늘 댕개야 얼굴 보고, 이야기해야 치매도 안 걸린다고 헙디여. 긍께 인자 장에 나옷씨요 잉."

우슬을 채취하다 다쳐 몇 장 쉬고 나왔다는 김금례(88세) 할매를 보더니 오연례(80세) 할매가 손을 맞잡고 던지는 말이다. 이들 말을 듣다 보면 수퍼우먼도 아닌데 밭일이고, 논일이고, 부엌일이고, 안 하는 일이 없다. 간혹 일하다 다쳐 몇 장 거르면 옆에서 같이 난장을 보던 아짐들에 대한 걱정이 예사롭지 않다. 평생 노점을 해온 이들의 우정은 돌을 하나하나 쌓아놓은 돌탑보다 더 애달파 보인다.

부안장은 입구부터 수북한 수산물이 방문객을 반긴다. 겨울철이면 장터로 들어가는 골목마다 바지락을 펼쳐놓고 껍데기를 까는 여인네들 손길이 행인들 발걸음을 붙잡을 만해 보인다. 38여 년 장바닥에서 바지락 까는 일만 했다는 전씨(81세)는 영하 10도 날씨에 장갑도 끼지 않고 바지락을 까서 판다. "사람들 목구멍에 들어갈 것인디 장갑 끼면 쓰간디. 내 손 잔 만져보소, 땃땃허제, 38년을 한디에 있어도 암시랑토 안 한 걸 본믄 내 손이 약손이여." 38년 동안 깐 바지락 껍데기를 모아뒀다면 그 양이 얼마나 될까 상상해본다.

2019 부안장

2011 부안장

2011 부안장

2019 부안장

6장. 역사 이야기와 함께하는 오일장

2011 부안장

수산물이 많은 지역이지만 팥죽과 순대 파는 집을 찾는 이가 의외로 많다. 부안장에서 유명한 팥죽을 주문해놓고, 순대 안주에 막걸리를 마시는 강씨 할배와 마주 앉았다. 부안 자랑을 해보라고 했더니, 그때부터 막걸릿잔을 입에서 떼지 않는다. 무슨 질문을 해도 묵묵부답으로 먹고 마시기만 했다. 주위를 살피니 혼자 오는 이가 더러 있었는데 모두 음식과 싸움이라도 하듯 게걸스럽게 집어삼킨다.

부안은 동쪽으로 정읍, 남쪽으로 곰소만을 경계로 변산반도 3분의 2를 차지하고, 농산물과 수산물 집산지로 상업이 발달해 부안장을 찾는 사람이 많다. 또한 곰소항에서 소금을 굽고, 인근 바다에서 고기를 잡고, 기름진 땅에서 농사를 짓는 풍요로운 고장으로, 산들이 마치 양파껍질처럼 겹겹이 둘러쳐져 한때는 10대 피난처로 꼽혔던 지역이 지금은 서해안 관광지로 자리매김하고 있다. 물때를 잘 맞추면 채석강의 아름다움에 넋을 잃는다. 수만 권책을 쌓아놓은 퇴적암 앞에 서면 자연이 만든 예술 작품에서 신비감이 전해진다.

440여 년 전에 부안에서 태어난 조선 시대 여성 시인 이매창(李梅窓)을 지금 불러낸다면 어떤 모습으로 나타나 어떤 음식을 먹고, 어떤 시를 지을까. 이매창은 부안의 명기로 시를 잘 짓고, 노래와 거문고 연주에 뛰어나 그녀를 보려고 많은 문장가와 사대부가 장사진을 이루었다고 한다. 매창은 정이 넘치는 인간미와 자기희생을 감수하고 사람과의 의(義)를 중시하는 시를 많이 남겼다. 또한 사랑하는 이에 대한 그리움과 고독을 정(情)과 한(恨)으로 표현해 자신이 처한 시대와 사회적 현실에서 비록 기생이었지만 사랑하는 사람을 위해 지조를 지킨 여성이었다. 매창의 작품이 전해지게 된 것은 고을 아전들이 외워 간직한 58편의 시를 부안 개암사(開巖寺)에서 목판에 새겨 보관한

2019 부안장

덕분이다.

부안장에서 조금만 걸어가면 이별과 사랑의 한을 간직하고 짧은 생애를 마감한 매창을 기념해 조성한 매창공원이 있다. 후세에 매창을 기리는 문인과 시인의 작품이 새겨진 시비가 공원 곳곳에 서 있다. 18세 매창은 40대 중반의 대시인 촌은(村隱) 유희경(劉希慶)을 만나 사랑에 빠졌고, 둘은 시를 주고받으며 사랑을 키웠다. 하지만 유희경은 한양으로 돌아갔고 임진왜란이 일어나자 의병을 일으키는 등 상황에 떠밀려 다시 매창을 만날 기회를 찾지 못했다. 연인을 잃은 매창은 슬픔에 잠겨 여러 편 시에서 임에 대한 그리움을 표출했다. 그 시를 읽다 보면 부안장에 매창을 불러내 곡주라도 나누고 싶어진다. 배꽃이 꽃비가 돼 흩날리던 어느 봄날, 그녀가 촌은을 그리워하며 쓴 「이화우(梨花雨) 흩날릴 제」를 읊조려본다.

이화우 흩날릴 제 울며 잡고 이별한 임
추풍낙엽(秋風落葉)에 저도 나를 생각는가
천 리에 외로운 꿈만 오락가락하더라

부안에서 열리는 장에는 찰기장, 동진 감자, 상서 된장, 변산 누에, 묵방산 들국화차, 새송이버섯이 유명한 부안장(4, 9일)과 줄포수박, 곰소 천일염, 곰소젓갈, 위도멸치, 팔선주로 유명한 부안 줄포장(1, 6일)이 있다.

2013 무주장

무주 반딧불 시장,
나제통문

"여그 장이 백 년 넘은 장이여. 각시 때 무주장에 온께 쌀 한 말에 삼백 오십 원 허드랑께. 시방도 국숫집이 유명헌디 그때도 국숫집에 줄 섰어. 국수 한 그릇에 오 원이었당께. 약장사도 많고, 화장품 장시도 있고, 각설이도 많 았제라. 칠십 년대까징은 장이 영판 재미졌어라. 촌에 살믄 구경헐 것이 없승 께 장날이면 모다 나오제. 새끼 월사금 낼라고 돼지 새끼를 바재기에 묶어서 지게 지고 나온 동네 아재가 젤로 생각나. 다들 어렵게 살았는디 우덜은 그때 가 좋았다고 말해싸. 긍께 옛날 얘기 험서 요새 장은 장도 아니라고 허제이."

죽천리에 사는 김명문(84세) 할매는 60년대 초에 장 구경하다가 장사의 꿈을 키워왔다고 한다. 장에 올 때마다 먹는장사 하는 집에 사람이 붐비는 것 을 보고 메밀묵 장사를 선택했단다. 40년째 메밀묵을 직접 쒀서 팔기에 동네 에서 가장 잘 만든다. 그래서 무주장 메밀묵 장수로 유명하다.

김씨는 "요 풋것이 젤 맛난 철이 끝 봄이여. 옛날에는 겨울에 여자들이 모여서 메밀묵 추렴도 했당께. 요 메밀이 오방색이어라. 혀서 메밀이 다섯 가 지 색을 갖고 있어 아들 낳는다고 헌께 모다 솔깃헐 것 아닌가. 아따메, 그것 뿐이간디, 피부에 좋다고 해싼게 얼굴에 문대고 그랬제이." 김씨는 나물로 무쳐 먹는다며 메밀 순까지 팔았는데, 예부터 무주는 산나물과 함께 메밀이 많이 수확돼 메밀을 이용한 음식이 발달했다고 한다.

1990 무주장

봄이 끝나갈 무렵 무주장을 다시 찾았다. 봄 자락이 남아 있는 장은 각
종 모종으로 온통 초록 세상이었다. 소씨 할매 좌판에는 온갖 나물이 한 상
차려져 있었다. 땅두릅, 취나물, 부추, 쑥, 시금치, 머위대, 곰취 등을 펼쳐놓고
행여나 시들까 봐 연신 분무기로 물을 뿜었다. 한쪽에서는 이씨 아재가 팔지
못한 닭을 닭장에 넣으려고 푸드덕거리는 닭을 잡아들이고, 대장간에서는
풀무질로 바쁜 박재용 아재가 호두 따는 꼬챙이를 만들고 있었다.

더덕과 도라지를 수북이 쌓아놓고 파는 남씨 아짐은 나제통문(羅齊通門)
이 있는 설천면에 산다. 나제통문은 바위산을 뚫어 만든 것으로 옛날에는 신
라와 백제의 경계였고, 지금은 경상도와 전라도를 잇는다. 나제통문 동쪽은
경상도 말을 쓰고, 남씨 아짐이 사는 설천면은 전라도 말을 쓴다. 나제통문을
경계로 6백 년이 지난 지금도 말과 풍습이 서로 달라 결혼마저 기피한단다.

1991 무주장

　무주장이 청정 지역에 있음을 알리려고 무주의 상징인 '반딧불이'를 붙여 '무주 반딧불 시장'으로 이름을 바꿨다. 청정 지역에서 나는 농산물과 특산물을 부각할 목적으로 그랬다는데, 56년째 장을 지키는 나순심(80세) 할매는 무주장이면 됐지 이름은 왜 자꾸 바꾸는지 모르겠다며 목소리를 높였다. "이 장이 예사 장이 아니어라. 3·1만세 운동 때 무주 사람들이 모여 만세 부른 역사의 현장인께 전통 있는 장이제이. 근디 스키장인가 리조튼가 생기고부터 도시 냄새 나싼게 안 좋제라." 평생 땅을 일구고 살아온 이들은 도시 사람들이 무주 구천동에 찾아오는 것이 달갑지만은 않은 듯하다. 하기야 그 좋은 경치가 도시 사람들 휴양지가 되면서부터 점점 더 망가지는데, 좋다고 내버려 둘 수만은 없을 것이다.

　우리나라에서 험한 산이 가장 많다고 알려진 오지(娛地)는 무주군, 진안

군, 장수군이다. 오죽하면 '시집왔네 시집왔네, 무주야 구천동에 시집왔네'라는 '시집살이'라는 노래까지 있다. 지금은 관광지로 알려져 사람이 많이 찾지만, 무주 구천동은 깊은 산골이다. 하지만 요즘 산골에 사는 아낙네들은 무주 구천동의 아름다운 경치보다 관광객의 씀씀이에 더 관심을 보인다고 하니 그야말로 시대가 변했음을 실감한다. 무주 구천동은 9천 명의 스님이 이곳에서 수도했다 하여 붙은 이름이라 하고, 90리가 넘는 계곡에 천 가지가 넘는 풀과 나무가 있다 해서 구천동이라고 부른다는 말도 있지만, 지금 구천동은 빼어난 경치 때문에 몸살을 앓고 있다.

40년 넘게 국밥집을 하는 하임순(68세) 씨는 우리 것으로만 음식을 만들어서 손님이 많이 온다고 말한다. "이녁 손맛이 좋다고 헌께 좋제라. 장날이믄 줄 서서 기다린 것 보믄 감사허지라." 새벽부터 나와 준비하다 보면 줄 서

서 기다리는 사람이 있어 힘이 난다는 하씨는 요즘 찾아오는 관광객들이 '금강 벼룻길' 이야기를 한다며 동네 마실 가는 봇둑길이 관광지가 됐다고 한다.

금강 벼룻길이 있는 동네에서 온 안씨 아짐이 말한다. "긍께, 그 길이 물 대는 농수로였는디 세월이 흘러감서 대소 마을과 율소 마을 사람들 지림길이 됐당께라. 장날이믄 나들이하는 길이었고, 애기들 핵교 가는 길도 되고, 옆 동네 마실 가는 길이 었는디, 관광지가 됐다고 솔찬히 사람들이 옵디다. 시상이 이렇게 변해가는디 마을에 사는 사람이라곤 나 같은 반송장밖에 없어라." 장터 촬영을 마치고 시골 마을에 들어가 보면 개미 한 마리 보이지 않고, 들과 산과 밭만이 나그네를 알아차린다. 도시에서 귀농하는 사람도 있지만, 여전히 노인들만이 고향을 지키며 살아간다.

금강 벼룻길은 강 옆에 낭떠러지로 통하는 비탈길이다. 이 길을 걷다 보

1991 무주장

무주 금강 벼룻길

면 각시 바위가 떡하니 서 있고, 마을 사람들이 정으로 쪼아내 마을과 마을을 잇는 석굴을 만들어 길을 냈다. 좁은 길을 걷다가 돌부리에 채고, 말없이 흐르는 강물을 내려다보고, 우거진 풀숲을 헤치면서 산으로 넘어가는 바람을 만나면 자연 그대로의 오솔길을 걷고 있음을 새삼 느끼게 된다.

강물을 내려다보며 조금 걷다 보면 강변에 우뚝 솟은 각시 바위를 만난다. 각시 바위 전설이 전해지는데, 이곳에도 여인네의 한(恨)이 서려 있다. 아이를 낳지 못한 며느리가 기도하던 자리에 바위가 우뚝 솟아올랐다는 전설이 있는가 하면, 목욕하던 선녀가 옷을 잃어버려 하늘을 그리워하다 그대로 바위가 됐다는 설화도 있다. 바위 아래서는 소박한 산골 마을의 정취와 애잔함을 품은 채 강물만이 유유히 흐른다.

무주는 나제통문을 통해 신라와 백제에 관한 관심을 끌었고, 오지였던 무주에 스키장과 리조트가 생겨 돈의 흐름을 일으켰지만, 땅에 의지하며 사는 농민들은 무주가 몸살을 앓고 있어 안쓰러워한다. 장터에서 만난 이쌍복(64세) 씨는 "시골서는 촌사람처럼 살믄 된디, 도시 사람 흉내낼라고 헌께 쪼까 거시기 헙디다. 배에 헛바람이 들어 농사일하던 젊은것들이 하나둘 고향을 떠나버린단 말이요."라고 했다. 어딜 가나 노인들만 보여 속상하다는 이씨는 쌍둥이 동생과 빵집을 운영하며 장날이면 손수레에 빵을 싣고 나온다. 장에 나온 할매들 말동무해주다 보면 벌써 파장 무렵이라고 한다.

무주에서 열리는 장에는 버섯, 약초, 인삼이 나오는 무주 반딧불 시장(1, 6일), 고랭지 채소와 담배, 인삼이 나오는 무풍장(3, 8일), 고랭지 채소와 수박이 생산되는 삼도봉 시장(2, 7일), 잎담배, 인삼, 약초가 나오는 안성장(5, 10일)이 있다.

7장
문화의 숨결이
오일장 속으로

2019 옥천장

옥천장,
정지용 시인을 만나다

"넓은 벌 동쪽 끝으로/ 옛이야기 지줄대는 실개천이 휘돌아 나가고/ 얼룩빼기 황소가/ 해설피 금빛 게으른 울음을 우는 곳/ 그곳이 차마 꿈엔들 잊힐 리야..."

옥천, 하면 정지용(鄭芝溶) 시인이다. 옥천역에서 내려 입구로 나오면 가장 먼저 정지용 시비가 반긴다. 그의 시 「향수」를 흥얼거리며 걷다 보면 금구천변 옆으로 형형색색의 파라솔이 줄지어 서 있어 장날임을 알린다.

충청북도에는 금강이 흐른다. 그래서 봄이 오면 옥천에는 흐르는 물 위에서 고기를 잡을 정도로 민물고기가 많다. 심지어 우산을 거꾸로 들고 서 있으면 알을 낳으려고 물살을 거슬러 펄쩍 뛰다가 둑을 넘지 못한 어름치가 우산 안으로 툭툭 떨어진다고 한다. 어름치는 한강에서만 산다고 알려졌는데 금강 중류와 상류에도 있다. 이처럼 충청북도는 바람이 맑고, 달이 밝은 곳이다. 이런 자연환경은 지역 문화에 방향을 제시한다.

빗자루를 만들어 팔고 있는 이원 백지리 김옥순(84세) 할매는 아직 넓고 트인 바다를 구경하지 못했지만, 자식만큼은 서울에 있는 유명 대학에 보냈다고 자랑한다. 김씨 할매가 말한다. "옛날에는 농사지어 먹고사는 가난한 사람들이 바깥세상 구경 갈 기회가 있었람유. 텔레비에서 바다 보이면 저것이 바다구나 허지유. 지금은 노인들도 버스 대절해서 구경 다니고 허대유. 근

1987 옥천장

디 나는 아직도 바다 구경 못 해봤어유." 열세 살에 시집와서 지금까지 살림하고, 농사짓고, 장사만 하면서 살아왔다는 김씨 할매는 손수 만든 빗자루 자랑에 열을 올렸다.

은행잎이 장터 바닥에 수북이 쌓이는 가을날 찾아간 옥천장은 30년 전 장터 풍경을 떠올리게 했다. 30년 전의 장터와 요즘 장터를 비교해 그 변화를 읽다 보면 오래된 책을 다시 펼치는 느낌이 든다. 밭에서 금방 뽑아 온 흙 묻은 무를 늘어놓고 아이에게 젖을 먹이는 여인에게서 당시 삶을 엿보게 된다. 생강 두어 단을 들고 장마당을 돌아다니고, 양손에 호박을 든 비녀 머리 여인도 보인다. 장에 가려고 보자기를 손에 들고 마을 입구에 앉아 버스를 기다리는 여인 모습이 고향에 서 있는 당산나무처럼 정겹다.

금구천변 길을 따라 길게 늘어선 장터는 상설시장 주변까지 이어져 사

방이 장터길이다. 또한 새벽녘 장터 입구 버스 정류장에 가면 솔개가 햇병아리 채어가듯 옥천 지역민들이 싸 들고 나온 고추와 마늘, 참깨, 콩 등 보따리를 내리기 무섭게 흥정에 들어간다.

청산에서 서리태콩 몇 되를 갖고 나온 안씨(75세)의 보따리를 낚아채자 "팔 것이 아니구먼유. 친구가 메주 쑨다고 부탁혀서 갖고 나왔구만유. 미안해서 어쩐대유."라고 말한다. 황망하게 빼앗긴 콩 자루를 되찾은 안씨가 장터 안으로 들어가 과일 장사 하는 김씨(70세) 가게에 맡기며 "이 집정에 맡겨 논다고 했시유. 있다 친구 오면 좀 전해주셔유."라고 말한다. 이들의 대화를 듣다 보면 마치 같이 사는 이웃 같다.

한자리에서 5년 넘게 노전을 펼치다 보면 장에 나오는 지역 주민은 단골이 돼 서로 인사하고 정을 나누는 모습을 자주 본다. 물건만 사고파는 것이

아니라 때로는 상담사가 되기도 하고, 짐을 보관해주기도 하고, 밤 한 톨을 구워 나눠 먹기도 한다.

옥천장 담벼락에는 옥천의 시인 정지용 얼굴이 그려져 있다. 물건 사는 사람과 흥정하고 있는데 누구 얼굴이냐고 물어보는 사람이 의외로 많다며 '시인 정지용'이라고 써놓으면 좋지 않으냐고 되레 내게 묻는다. 옥천 사람들이나 장터 사람들도 옥천의 시인 정지용을 자랑스러워한다. 정지용 생가 사립문을 열고 들어가 마루에 앉아 있으면 바람도 시를 쓰고 지나가는 모습이 보인다. 정지용의 시 「향수」는 노래까지 만들어져 널리 알려졌다. 고향에 대한 그리움과 자연에 대한 향토성을 자신만의 독특한 언어로 변형시켰다.

또한 정지용 생가 옆에는 청석교 상판(구 황국신민서사비)이 누워 있다. 청석교 상판은 다리를 말하는데 이 다리는 일제강점기 1940년 옥천 죽향 초등

2019 옥천장

학교 교정에 세워졌던 것을 사람들이 많이 찾는 정지용 생가 앞으로 옮겼다. 청석교에는 일제강점기 일본이 우리 학생들에게 충성 맹세를 강요한 내용이 새겨진 아픈 역사가 숨어 있다. 현실과 과거를 잇는 것은 기억이다. 우리는 언제쯤 일본에 희생됐던 과거의 기억에서 벗어날 수 있을까.

도라지를 사려고 홍씨 할매 좌판 앞에 앉아 이야기를 나누던 중에 박씨 할매가 병원에 가지 않고 다래끼 없애는 방법을 알려줬다. "왼쪽 눈에 다래 끼가 생겼을 때 바늘로 오른쪽 엄지손톱에 열십자를 그리면 거짓말같이 낫 는구만유." 과학적 근거는 알 수 없지만, 옛날 어르신들은 상처에 담방약을 바르거나 통증에 무당의 처치를 받는 등 민간 요법으로 치료했다. 장터에서 만 통하는 이야기이다.

옥천에서 열리는 장에는 포도, 딸기, 감이 많이 나오는 옥천장(5, 10일)과 인삼, 곶감, 포도, 사과, 밤, 호두, 대추, 도토리가 많이 나오는 청산장(2, 7일), 묘목과 복숭아, 포도 가 많이 나오는 이원장(2, 7일)이 있다.

2019 고창 상하장

고창장,
세계 최대 고인돌 유적지

'복분자와 수박 축제'가 열리는 선운산 도립공원 생태 숲에도 불볕더위가 기승을 부려 그늘 밑으로 사람들이 들어앉아 도란도란 이야기를 나눴다. 상하에서 구경 나왔다는 김진순(68세) 아짐이 말한다. "여가 시뻘건 황토 땅이 많은 건 알제. 황토밭에서 질구는 데다 해풍까지 불어싼게 여그 수박은 달달하고 사각사각한 맛이 난당께. 여그 껏 먹다가 다른 데 것 먹으면 그 맛이 안 난다고 해쌌트만, 헌디 수박 맛은 봤는가?"

먹고 나서 오줌을 누면 요강이 뒤집어진다는 고창 복분자는 항암 효과가 있는 폴리페놀 성분이 다른 지역 복분자보다 두 배 이상 높아 고창의 특산물로 유명해졌다. 고창 대산면에서는 유월에서 칠월쯤 당도가 높고 색이 선명한 수박이 출하된다. 수박은 세계 모든 나라에서 재배하지만, 우리나라 수박 맛이 가장 좋다고 한다.

장터를 돌아다니다 보면 평생 장터에서 살아온 이들을 만난다. 특히 몇해 전 50년 넘게 생선 장사를 하고 있는 봉덕 할매를 만나 이야기를 나눴는데, 할매가 내게 했던 말이 줄줄 따라다녀 다시 찾아가게 됐다. "예말이요, 장사헌다고 새끼덜 목구멍으로 밥 넘어가는 것도 못 보고 산 죄밖에 없는디, 가난헌 것은 어째 똑같을 께라. 넘들은 50년 넘게 장사했승께 돈 좀 벌었지라 그란디, 모아둔 돈이 없승께 새끼덜헌테 젤로 미안허제라." 그날은 열심히

2014 고창 상하장

2014 고창 상하장

2019 고창 상하장

산 죄밖에 없다는 장씨 할매의 말이 텅 빈 난전을 지키고 있었다.

　　푹푹 찌는 여름날 갑자기 소나기가 내려 들에 있는 풀을 뜯어 와 팔고 있는 김진순 씨 난전에 들어가 비를 피한 적이 있었다. 소나기가 멈추고, 바람 한 점 없는 난전에 앉아 고구마 순을 벗겨내던 김씨가 말했다. "요즘은 땅에 나는 풀도 모두 약초라고 헙디다. 이 쇠비름은 오행초(五行草)라고 헌디 다섯 가지 병이 낫는다고 허요. 내가 어렸을 때는 뜯어다 돼지 먹였던 풀이어라. 근디 효소 담는다고 뜯어 오기가 무섭게 사가분당께. 요새 사람들은 텔레비가 몸에 좋다고만 허믄 그다음 날로 찾아싸. 이제 허다 허다 요런 풀까지 연구하는 사람들이 생겨갖고 봄만 되믄 할매들이 들판에서 산당께."

　　오행초는 우주의 기운을 그대로 품은 오행과 같다고 해서 그런 이름이 붙었지만, 목숨을 길게 해준다는 뜻에서 '장명채(長命菜)'라고도 부른다. 요즘

222

은 건강에 좋다는 말만 나오면 잡초건 독초건 너도나도 가져온다. 정확한 처방도 모르고 검증되지도 않은 약초들이 유행처럼 퍼져 걱정스럽다.

　우리나라에서 고인돌이 가장 많이 분포된 고창의 고인돌은 유네스코가 지정한 세계문화유산이다. 매산 기슭을 따라 곳곳에 놓여 있어 고인돌을 하나하나 살피려면 시간이 상당히 걸린다. 그런데도 상점이나 먹거리가 없어 고인돌 인근 마을 주민이 나서서 토요 장터를 열어 먹거리도 팔고, 농수산물도 팔고 있다. 고인돌 사이로 난 길을 따라 고인돌의 크기와 모양을 보면서 누가 만들었을까, 누구의 무덤일까 궁금하기도 하고, 5백여 기 고인돌 크기가 각기 달라 마치 청동기 시대로 시간 여행을 떠난 듯한 기분이 든다. 고인돌은 말 그대로 돌을 고였다 해서 붙은 이름으로 청동기 시대 대표적인 무덤이다.

고인돌은 우리나라 논밭 어디서나 흔히 볼 수 있다. 밭을 갈다가 거추장스러워 들어내 버린 양도 상당하다. 고창 고인돌은 죽림리와 상갑리, 도산리 일대에 모여 있고 세계적으로 가장 많아 지붕 없는 박물관에 온 듯하다. 크고 작은 고인돌의 형상은 호랑이로 보였다가, 곰으로 보였다가, 두꺼비로 보였다가, 미륵으로 보였다가, 아이들을 훈계하는 엄마로 보였다가, 동생을 업고 있는 언니로 보였다가, 물속에서 잠시 쉬는 물고기로 보인다.

고인돌 유적지를 벗어나 선운산에서 무장으로 가는 길에 우뚝 솟은 절벽에 큰 바위 얼굴을 만나는데, 바위 바로 옆에 인천강이 흐른다. 고창 사람들은 인천강을 '풍천'이라고 부르는데 아마도 풍천장어가 유명해서 붙은 이름이라고, 밭에서 복분자를 따던 박내은(81세) 할배에게 들었다. 박씨 노인이 말했다. "질마재길 전설을 모르요. 거 신선이 잔치를 벌이다가 술을 얼마나 먹었는지 취해갖고 술상을 발로 차 엎어서 술병이 거꾸로 박혀 생긴 병 바위라고 허는디, 하도 세파에 시달려서 그런지 꼭 사람 얼굴처럼 맹그러졌당께라. 차가 쌩쌩허니 지나가분께 못 본 사람이 많든디, 병바위 봤승께 고창 구경 잘했소야."

고창의 자랑은 모양성(牟陽城)과 선운사(禪雲寺)다. 모양성은 고창 읍성의 다른 이름으로 낙안 읍성, 해미 읍성과 더불어 원형이 잘 보존된 곳이다. 해마다 머리에 돌을 이고 성벽 위를 세 바퀴 돌면 자질구레한 병이 없어지고, 저승문이 열리고, 왕생극락한다는 전설을 믿는 수많은 아낙네가 흰옷을 입고 몰려와 모양성을 밟는다. 성을 한 번 돌면 다릿병이 낫고, 두 번 돌면 무병장수하고, 세 번 돌면 극락에 간다는 말이 있어 매년 모양성 축제 때 성 밟기 행사가 열린다. 모양성 입구에는 판소리 박물관, 판소리를 정리한 것으로 유명한 신재효(申在孝) 선생의 생가와 군립미술관이 있어 함께 둘러볼 수 있다.

2019 고창 인천강 병바위

고창에서 열리는 장에는 수박과 복분자술로 유명한 고창 전통시장(3, 8일), 해리 염전에서 생산되는 소금이 특산물인 해리시장(4, 9일), 수박으로 유명해 여름철이면 수박축제가 열리는 대산시장(2, 7일), 쌀, 보리, 고추, 고구마가 많이 나오는 흥덕시장(4, 9일), 곡물과 어류, 선운사의 복분자술, 작설차, 풍천장어, 대추나무 나침반이 나오는 상하시장(1, 6일), 곡물과 어물전이 풍성한 무장시장(5, 10일)이 있다.

2013 보성장

보성장,
판소리 가락 초록 융단 휘감는가

올망졸망 빨간 대야들이 반기는 봄나물과 낭창낭창한 갯것들이 밖으로 나오려고 꾸물거린다. 할매들 앞에는 산과 들에서 뜯어 온 나물과 고사리, 두릅, 부추가 자리를 지키고 앉아 시집갈 채비를 하고 있다. "요것이 다 노지 것이여. 요런 것 해갖고 자식들 갈치고 멕이고 했는디, 펑상 해 먹던 것인디, 시방은 장에 안 나오면 오금이 다 저린당께." 보성 고읍리에서 왔다는 정씨(80세) 할매가 뜯어 온 고사리를 만지작거리며 하는 소리가 판소리 장단처럼 귀에 착착 앵긴다.

산과 바다와 호수가 잘 어우러진 보성은 민족 열사와 민족 음악의 혼이 서린 보성 소리가 유명하지만, 특히 우리나라 최대 녹차 생산지로 알려졌다. 크고 작은 산비탈 능선 따라 초록 융단을 펼쳐놓은 듯한 녹차밭이 보성 경제를 이끌어가고 있다. 여기에 보성 벌교의 넓은 갯벌에서 잡은 꼬막과 짱뚱어, 우럭과 바지락, 새조개와 키조개는 갯벌에 모래가 없어 갯것 맛이 살아 있다. 또한 '벌교 꼬막 맛을 못 보고 가면 평생 후회한다'는 말이 전래될 만큼 꼬막은 알이 굵고 속살이 쫀득거리는 맛이 일품이다.

몇 해 전, 벌교장에서 만난 송씨 할매는 허벅지까지 빠지는 뻘에서 고생을 해봐야 꼬막 장사할 자격이 있다며 한동안 너스레를 떨었다. 꼬막을 채취할 때 뻘밭에 물이 빠지면 널빤지로 만든 뻘배를 이용하기에 젖 먹던 힘까지

보태야 밀고 다닐 수 있다. 갯벌이 숨을 쉬어야 살아가기가 덜 팍팍하다는 할 매는 77년 동안 고향 땅을 벗어난 적이 없다고 한다.

천연기념물인 팽나무가 있는 마을에 산다는 박씨(78세)를 국밥집에서 만났다. 우거짓국을 한술 뜨는 내게 말한다. "시상이 많이 변해부렸제이. 입 에서 입으로 이어져야 할 전통이 뒷전으로 밀려나 조상들이 남긴 문화가 다 사라질 판인디, 장이라고 옛날 맛이 나것소. 시방은 장도 아니어라."

박씨의 집이 있는 전일리는 마을 앞 도랑 가에 팽나무 열아홉 그루가 448년째 사는 군락지다. 마을을 가로질러 흐르는 도랑 오른쪽으로 팽나무가 한 줄로 서 있어 든든한 마을 수호목 역할을 하고 있다. 임진왜란 당시 이순 신 장군과의 만남을 기념해 심었다는 일화가 전해진다. 매년 당산제를 지내 는데 마을 사람들은 잎이 무성하면 풍년이 든다고 믿는다.

　　전일리 팽나무 숲에 이르면 나무들이 노목답지 않게 싱싱하고 풋풋함을 유지하고 있음을 알 수 있다. 푸릇푸릇한 순이 돋아나 건강한 몸의 근육질을 그대로 드러내 주변 풍경과 어우러져 웅장한 숲의 오케스트라에 초대받은 듯한 기분이 든다. 조선 시대 문신 중에 특히 나무를 좋아했던 이옥(李鈺)은 나무를 심고 다듬으며 마을을 바로잡는 정심(正心)을 품었다고 한다.

　　소설 『태백산맥』의 무대인 벌교에 가면 우리나라에서 규모가 가장 큰 홍교(虹橋)를 볼 수 있다. 문화재로 등록된 보물이다. 홍교는 벌교 포구를 가로지르는 가장 오래된 세 칸 다리로 다리 밑 천장 중앙에 용머리로 조각된 돌이 돌출돼 아래로 향하게 했다. 이처럼 용머리를 붙인 것은 물과 용의 관계에 주목한 민간 신앙의 표현으로 해석하면 좋을 것 같다. 마을 주민이 60년마다 420년 된 홍교의 회갑 잔치를 해주고 있다. 2019년 일곱 번째 회갑을 맞은 홍

2019 보성장

7장. 문화의 숨결이 오일장 속으로

교는 벌교의 역사라고 말해도 좋을 것이다.

'벌교'라는 지명 또한 뗏목다리에서 유래했다. 벌(筏)은 뗏목, 교(橋)는 다리로 홍교 이전에 놓였던 뗏목다리의 한자 이름 그대로 '벌교'라 부른 것은 홍교가 벌교의 상징임을 말해준다. 본래 이름으로 다시 만든 것은 일제강점기의 치욕에서 벗어나는 길이기에 홍교 건립은 민족의 자존심이자 벌교 사람들의 긍지인 셈이다. 원래는 강과 바다가 만나는 지점에 원목으로 엮어 만든 뗏목다리를 놓았는데 홍수로 무너져 돌다리인 홍교를 새로 세웠다고 한다.

반석리 천연염색 공예관 뒤편으로 올라가면 야산에 석불좌상이 앉아 있다. 고려 후기 석불로 토속적인 전라도 땅에 어울려 백성의 모습과 닮아 친근해 보인다. 아들을 낳지 못한 어느 여인네의 욕심에 눈은 이미 훼손됐고,

코는 펑퍼짐하고, 입은 뽀로통 튀어나와 마치 이웃집 어르신 같은 자세로 가부좌를 틀고 덩그러니 앉아 있다.

오랫동안 홀로 쓸쓸하게 시간을 보내고 있어 무심한 듯하지만 찾아오는 길손을 인자하게 받아주는 보살이다. 아무도 찾지 않는 야산에 홀로 앉아 무엇인가를 말하려는 미륵보살의 손 모양에 시선이 멈춘다. 미륵이 바람에 전하고 싶은 말은 무엇일까.

보성에서 열리는 장에는 차(茶)와 용문석, 꼬막으로 유명한 보성장(2, 7일), 쌀, 보리, 잡곡이 생산되는 복내장(4, 9일), 특산품인 용문석으로 유명한 조성장(3, 8일), 느타리버섯, 토마토, 참다래가 생산되는 예당장(5, 10일), 녹차 된장이 생산되는 희령장(4, 9일), 태백산맥 문학관과 홍교, 꼬막으로 유명한 벌교장(4, 9일)이 있다.

2019 보성 팽나무 숲

2014 완주 고산장

완주 고산장,
산중에 핀 한 송이 꽃, 선암사

"아따메, 장날이라고 내 몸 내놓으면 팔릴까 허고 새복 밥 먹고 나와봤
는디, 당체 물어보는 사람이 없당께. 어째 내가 못쓰게 생겼소, 물어보덜 안
한게 그냥 가야쓰것네."

화산에 산다는 이정자(79세) 할매는 나물 몇 가지를 들고나왔다. 곶감철
이 지나면 분주하던 장이 한산해 따뜻한 양지에 모여 오순도순 이야기꽃을
피우느라 정신이 없다. 할매들 앞에는 가을에 수확한 농산물이 올망졸망 펼
쳐져 있고, 완주에서만 볼 수 있는 벨라초 나물도 나와 있다.

벨라초 나물을 파는 박씨(74세) 할매가 말한다. "쓴것 좋아한 사람만 사
가는 것이여. 높은 산에서 나는 귀헌 것인디 서울 사람은 쓰다고 안 먹어. 이
벨라초 나물 먹어본 사람이 그란디, 불면증에 직효라고 허드만." 벨라초 나
물 삶는 방법과 무쳐 먹는 요령까지 상세히 알려주면서 도시 사람들이 먹어
야 할 나물이라고, 정(情)이라며 한사코 한 소쿠리를 봉지에 넣어준다.

곶감 철이 되면 완주 고산장은 임금님에게 바치는 진상품이었던 동상
면의 고종시(高宗柿)를 사려는 사람들이 서울을 비롯해 각 지방에서 몰려든
다. 곶감 농사를 짓는 임홍규(54세) 씨가 말한다. "여그 동상면 곶감은 씨가 없
는디, 바로 이웃 마을 경천 곶감은 알맹이도 크고, 단맛이 좋은께 잘 팔리제
라, 근디 우리 동네 동산면을 조금만 벗어나면 씨가 생겨버립니다, 같은 읍에

2014 완주 고산장

서도 마을마다 맛이 차이가 난다고 헌 것 보면 땅이랑, 바람이랑, 햇빛이랑 물이 다른 것인지 여그 사람도 당체 영문을 모릅니다." 임씨 이야기를 듣다 보니 지역 특산품은 그 지역 사람과 자연이 함께 만드는 것이 아닌가 싶다. 이렇게 만들어진 특산품은 지역 경제를 이끌어간다.

40년째 도소매업을 하는 윤복영(79세) 할배는 시골 할매들이 갖고 나온 것을 사기도 하고, 그들에게 팔기도 한다. 곶감 장이 아닐 때는 손님이 없어 노점상 할매들이 줄고 이들이 가져온 물건을 사서 도시에 내다 판다. "뭐니 뭐니 해도 장에는 사람이 많아야 맴이 뜨듯해지는 법인디, 휑한 바람만 왔다 간께 많이 춥소야." 윤씨는 날씨보다 더 추운 것이 할매들 욕심이라고 한다.

"힘들게 농사지어 장에 내다파는 것이 힘들것제. 새끼덜 주고 남은 것은 풀아야제 어쩔 것인가, 아깝다고 집에 놔두면 묵어서 제값도 못 받는디." 천 원 때문에 머리채라도 잡을 듯이 살벌하지만, '아따 성님! 저울이 언제 거짓 말 헙디여!' 하면 금세 분위기가 풀린다. 장꾼들 저울은 서로 마음을 평등하게 잴 뿐, 언성이 높아지면 저울추가 중재에 나선다. 무질서한 듯한 난전이지만 보이지 않는 질서가 늘 중심을 잡고 있다.

화암사(華巖寺)가 있는 동네에 산다는 권씨(69세)가 말한다. "생강 철이 돼도 장에 내다 파는 사람이 없어졌어라. 옛날에는 생강 철이믄 온 장에 생강 냄새가 진동했제이. 지금은 농협에서 수매하고 쬐끔 남은 것으로 세끼덜 주고, 생강은 오래 보관허믄 썩어불어. 긍께 할매들이 갖고 나오제. 싱싱허니 냄새가 좋지라. 요샌 생강으로 술 담근다고 해쌌트만. 근디 술 좋아허요, 요즘 세상 술이 다 있다는 술 박물관에 사람들이 많이 찾아옵디다. 하도 좋다고 해서 가봤는디 넓어서 구경하는 데 시간이 솔짝히 걸리드만."

1,300년 역사의 완주 고찰 화암사는 산중에 핀 '한 송이 꽃'에 비유할 만

2014 완주 고산장

2019 완주 고산장

2014 완주 고산장

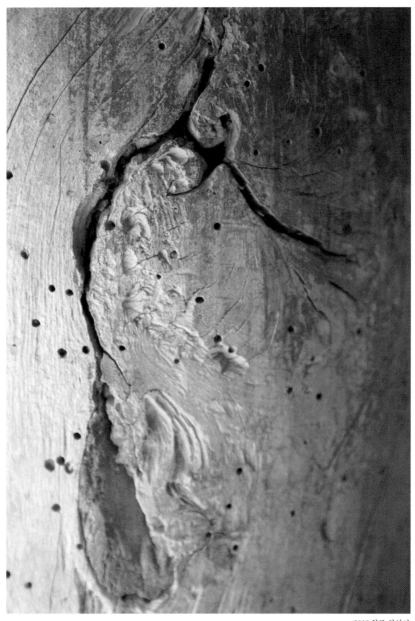

2019 완주 화암사

큼 아름다운 절이다. 시간의 층으로 세월의 결이 묻어나는 목어 한 마리가 덩그러니 매달려 산자락에 걸린 흰 구름을 바라본다. 참으로 고즈넉한 절 마당이 성처럼 잠겨 있어 하늘이 만들고 땅이 감춰둔 요새 같다. 세상이 하루가 다르게 변하는 요즘, 이처럼 아름다운 문화유산이 올곧게 간직돼 오래된 미래를 보는 것만 같다.

옛 모습 그대로 간직한 우화루(雨花樓) 앞에 발걸음을 멈춘다. 꽃비가 내리는 누각이라니 절묘하고 낭만적인 데다 주인 없는 나무 목탁이 동그마니 걸려 있어 툭 건드리면 불경 소리가 튀어나올 것 같아 숨죽이고 바라보게 된다. 여기에 극락전(極樂殿)은 낡은 빛바랜 단청과 민흘림기둥이 전해주는 시각적 안정감이 어느 시인의 말마따나 '잘 늙은 절 한 채' 같이 뺑 뚫린 산자락에 폭 쌓여 있다.

1895년에 세워진 우리나라 최초의 한옥 성당, 되재(升峙) 성당지는 산과 자연의 아름다움을 느낄 수 있는 주변 마을의 한가한 농촌 풍경이 그대로 드러나 민낯을 보여준다. 고향집 같이 편안한 되재 성당지를 둘러보면 예수님, 성모상과 종탑이 마을을 내려다보고, 뒤쪽 산마루에는 신부님 묘가 안치돼 소박했던 당시를 여실히 보여준다. 역사는 과거가 아니라 미래로 나아가는 현재진행형이라는 것을 이곳, 이 땅에서 배운다.

완주에서 열리는 장에는 봉동 생강, 동상 표고버섯, 화산 양파, 화산골 자연한우가 나오는 완주 봉동장(5, 10일), 양파, 마늘, 딸기, 곶감이 생산되는 완주 고산장(4, 9일), 삼례 예술촌이 있고, 비봉 청정수박, 이서 신고배, 봉동 생강이 나오는 완주 삼례장(3, 8일), 봉동 왕포도가 나오는 완주 운주장(1, 6일)이 있다.

장에 가자

시골장터에서 문화유산으로

1판 1쇄 발행일 2020년 10월 31일
1판 2쇄 발행일 2020년 11월 11일
지은이 | 정영신
펴낸이 | 김문영
펴낸곳 | 이숲
등록 | 제406-3010000251002008000086호
주소 | 경기도 파주시 책향기로 320 메이플카운티 2-206
전화 | 02-2235-5580
팩스 | 02-6442-5581
홈페이지 | http://www.esoope.com
페이스북 | facebook.com/EsoopPublishing
Email | esoope@naver.com
ISBN | 979-11-91131-02-4 03980
ⓒ 정영신, 이숲, 2020, printed in Korea.